U0170868

"问道·强国之路"丛书 主编 董振华

建设海洋强国

曹立——主编
何广顺——副主编

中国青年出版社

“问道·强国之路”丛书

出版说明

为中国人民谋幸福、为中华民族谋复兴，是中国共产党的初心使命。

中国共产党登上历史舞台之时，面对着国家蒙辱、人民蒙难、文明蒙尘的历史困局，面临着争取民族独立、人民解放和实现国家富强、人民富裕的历史任务。

“蒙辱”“蒙难”“蒙尘”，根源在于近代中国与工业文明和西方列强相比，落伍、落后、孱弱了，处处陷入被动挨打。

跳出历史困局，最宏伟的目标、最彻底的办法，就是要找到正确道路，实现现代化，让国家繁荣富强起来、民族振兴强大起来、人民富裕强健起来。

“强起来”，是中国共产党初心使命的根本指向，是近代以来全体中华儿女内心深处最强烈的渴望、最光辉的梦想。

从1921年红船扬帆启航，经过新民主主义革命、社会主义革命和社会主义建设、改革开放和社会主义现代化建设、中国特色社会主义新时代的百年远征，中国共产党持续推进马克思主义基本原理同中国具体实际相结合、同中华优秀传统文化相结合，在马克思主义中国化理论成果指引下，带领全国各族人民走出了一条救国、建国、富国、强国的正确道路，推动中华民族迎来了从站起来、富起来到强起来的伟大飞跃。

一百年来，从推翻“三座大山”、为开展国家现代化建设创造根本社会条件，在革命时期就提出新民主主义工业化思想，到轰轰烈烈的社会主义工业化实践、“四个现代化”宏伟目标，“三步走”战略构想，“两个一百年”奋斗目标，中国共产党人对建设社会主义现代化强国的孜孜追求一刻也没有停歇。

新思想领航新征程，新时代铸就新伟业。

党的十八大以来，中国特色社会主义进入新时代，全面“强起来”的时代呼唤愈加热切。习近平新时代中国特色社会主义思想立足实现中华民族伟大复兴战略全局和世界百年未有之大变局，深刻回答了新时代建设什么样的社会主义现代化强国、怎样建设社会主义现代化强国等重大时代课题，擘画了建设社会主义现代化强国的宏伟蓝图和光明前景。

从党的十九大报告到党的十九届五中全会通过的《中共中央关于制定国民经济和社会发展第十四个五年规划和二〇三五年远景目标的建议》、党的十九届六中全会通过的《中共中央关于党的百年奋斗重大成就和历史经验的决议》，建设社会主义现代化强国的号角日益嘹亮、目标日益清晰、举措日益坚实。在以习近平同志为核心的党中央的宏伟擘画中，“人才强国”、“制造强国”、“科技强国”、“质量强国”、“航天强国”、“网络强国”、“交通强国”、“海洋强国”、“贸易强国”、“文化强国”、“体育强国”、“教育强国”，以及“平安中国”、“美丽中国”、“数字中国”、“法治中国”、“健康中国”等，一个个强国目标接踵而至，一个个美好愿景深入人心，一个个扎实部署深入推进，推动各个领域的强国建设按下了快进键、迎来了新高潮。

“强起来”，已经从历史深处的呼唤，发展成为我们这个时代的最高昂旋律；“强国建设”，就是我们这个时代的最突出使命。为回应时代关切，2021年3月，我社发起并组织策划出版大型通俗理论读物——“问道·强国之路”丛书，围绕“强国建设”主题，系统集中进行梳理、诠释、展望，帮助引导大众特别是广大青年学习贯彻习近平新时代中国特色社会主义思想，踊跃投身社会主义现代化强国建设伟大实践，谱写壮美新时代之歌。

“问道·强国之路”丛书共17册，分别围绕党的十九大报告等党的重要文献提到的前述17个强国目标展开。

丛书以习近平新时代中国特色社会主义思想为指导，聚焦新时代建设什么样的社会主义现代化强国、怎样建设社会主义现代化强国，结合各领域实际，总结历史做法，借鉴国际经验，展现伟大成就，描绘光明前景，提出对策建议，具有重要的理论价值、宣传价值、出版价值和实践参考价值。

丛书突出通俗理论读物定位，注重政治性、理论性、宣传性、专业性、通俗性的统一。

丛书由中央党校哲学教研部副主任董振华教授担任主编，红旗文稿杂志社社长顾保国担任总审稿。各分册编写团队阵容权威齐整、组织有力，既有来自高校、研究机构的权威专家学者，也有来自部委相关部门的政策制定者、推动者和一线研究团队；既有建树卓著的资深理论工作者，也有实力雄厚的中青年专家。他们以高度的责任、热情和专业水准，不辞辛劳，只争朝夕，潜心创作，反复打磨，奉献出精品力作。

在共青团中央及有关部门的指导和支持下，经过各方一年多的共同努力，丛书于近期出版发行。

在此，向所有对本丛书给予关心、予以指导、参与创作和编辑出版的领导、专家和同志们诚挚致谢！

让我们深入学习贯彻习近平新时代中国特色社会主义思想，牢记初心使命，盯紧强国目标，奋发勇毅前行，以实际行动和优异成绩迎接党的二十大胜利召开！

中国青年出版社

2022年3月

“问道·强国之路”丛书总序：

沿着中国道路，阔步走向社会主义现代化强国

实现中华民族伟大复兴，就是中华民族近代以来最伟大的梦想。党的十九大提出到2020年全面建成小康社会，到2035年基本实现社会主义现代化，到本世纪中叶把我国建设成为富强民主文明和谐美丽的社会主义现代化强国。在中国这样一个十几亿人口的农业国家如何实现现代化、建成现代化强国，这是一项人类历史上前所未有的伟大事业，也是世界历史上从来没有遇到过的难题，中国共产党团结带领伟大的中国人民正在谱写着人类历史上的宏伟史诗。习近平总书记在庆祝改革开放40周年大会上指出：“建成社会主义现代化强国，实现中华民族伟大复兴，是一场接力跑，我们要一棒接着一棒跑下去，每一代人都要为下一代人跑出一个好成绩。”只有回看走过的路、比较别人的路、远眺前行的路，我们才能够弄清楚我

们为什么要出发、我们在哪里、我们要往哪里去，我们也才不会迷失远航的方向和道路。“他山之石，可以攻玉。”在建设社会主义现代化强国的历史进程中，我们理性分析借鉴世界强国的历史经验教训，清醒认识我们的历史方位和既有条件的利弊，问道强国之路，从而尊道贵德，才能让中华民族伟大复兴的中国道路越走越宽广。

一、历经革命、建设、改革，我们坚持走自己的路，开辟了一条走向伟大复兴的中国道路，吹响了走向社会主义现代化强国的时代号角。

党的十九大报告指出：“改革开放之初，我们党发出了走自己的路、建设中国特色社会主义的伟大号召。从那时以来，我们党团结带领全国各族人民不懈奋斗，推动我国经济实力、科技实力、国防实力、综合国力进入世界前列，推动我国国际地位实现前所未有的提升，党的面貌、国家的面貌、人民的面貌、军队的面貌、中华民族的面貌发生了前所未有的变化，中华民族正以崭新姿态屹立于世界的东方。”中国特色社会主义所取得的辉煌成就，为中华民族伟大复兴奠定了坚实的基础，中国特色社会主义进入了新时代。这意味着中国特色社会主义道路、理论、制度、文化不断发展，拓展了发展中国家走向现代化的途径，给世界上那些既希望加快发展又希望保持自身独立性的国家和民族提供了全新选择，为解决人类问题贡献了中国智慧和中国方案，同时也昭示着中华民族伟大复兴的美好前景。

新中国成立70多年来，我们党领导人民创造了世所罕见的经济快速发展奇迹和社会长期稳定奇迹，以无可辩驳的事实宣示了中国道路具有独特优势，是实现伟大梦想的光明大道。习近平总书记在《关于〈中共中央关于制定国民经济和社会发展第十四个五年规划和二〇三五年远景目标的建议〉的说明》中指出："我国有独特的政治优势、制度优势、发展优势和机遇优势，经济社会发展依然有诸多有利条件，我们完全有信心、有底气、有能力谱写'两大奇迹'新篇章。"但是，中华民族伟大复兴绝不是轻轻松松、敲锣打鼓就能实现的，全党必须准备付出更为艰巨、更为艰苦的努力。

过去成功并不意味着未来一定成功。如果我们不能找到中国道路成功背后的"所以然"，那么，即使我们实践上确实取得了巨大成功，这个成功也可能会是偶然的。怎么保证这个成功是必然的，持续下去走向未来？关键在于能够发现背后的必然性，即找到规律性，也就是在纷繁复杂的现象背后找到中国道路的成功之"道"。只有"问道"，方能"悟道"，而后"明道"，也才能够从心所欲不逾矩而"行道"。只有找到了中国道路和中国方案背后的中国智慧，我们才能够明白哪些是根本的因素必须坚持，哪些是偶然的因素可以变通，这样我们才能够确保中国道路走得更宽更远，取得更大的成就，其他国家和民族的现代化道路才可以从中国道路中获得智慧和启示。唯有如此，中国道路才具有普遍意义和世界意义。

二、世界历史沧桑巨变，照抄照搬资本主义实现强国是没有出路的，我们必须走出中国式现代化道路。

现代化是18世纪以来的世界潮流，体现了社会发展和人类文明的深刻变化。但是，正如马克思早就向我们揭示的，资本主义自我调整和扩张的过程不仅是各种矛盾和困境丛生的过程，也是逐渐丧失其生命力的过程。肇始于西方的、资本主导下的工业化和现代化在创造了丰富的物质财富的同时，也拉大了贫富差距，引发了环境问题，失落了精神家园。而纵观当今世界，资本主义主导的国际政治经济体系弊端丛生，中国之治与西方乱象形成鲜明对比。照抄照搬西方道路，不仅在道义上是和全人类共同价值相悖的，而且在现实上是根本走不通的邪路。

社会主义是作为对资本主义的超越而存在的，其得以成立和得以存在的价值和理由，就是要在解放和发展生产力的基础上，消灭剥削，消除两极分化，最终实现共同富裕。中国共产党领导的社会主义现代化，始终把维护好、发展好人民的根本利益作为一切工作的出发点，让人民共享现代化成果。事实雄辩地证明，社会主义现代化建设不仅造福全体中国人民，而且对促进地区繁荣、增进各国人民福祉将发挥积极的推动作用。历史和实践充分证明，中国特色社会主义不仅引领世界社会主义走出了苏东剧变导致的低谷，而且重塑了社会主义与资本主义的关系，创新和发展了科学社会主义理论，用实践证明了马克思主义并没有过时，依然显示出科学思想的伟力，对世界社会主义发展具有深远历史意义。

从现代化道路的生成规律来看，虽然不同的民族和国家在谋求现代化的进程中存在着共性的一面，但由于各个民族和国家存在着诸多差异，从而在道路选择上也必定存在诸多差异。习近平总书记指出："世界上没有放之四海而皆准的具体发展模式，也没有一成不变的发展道路。历史条件的多样性，决定了各国选择发展道路的多样性。”中国道路的成功向世界表明，人类的现代化道路是多元的而不是一元的，它拓展了人类现代化的道路，极大地激发了广大发展中国家“走自己道路”的信心。

三、中国式现代化遵循发展的规律性，蕴含着发展的实践辩证法，是全面发展的现代化。

中国道路所遵循的发展理念，在总结发展的历史经验、批判吸收传统发展理论的基础上，对“什么是发展”问题进行了本质追问，从真理维度深刻揭示了发展的规律性。发展本质上是指前进的变化，即事物从一种旧质态转变为新质态，从低级到高级、从无序到有序、从简单到复杂的上升运动。在发展理论中，“发展”本质上是指一个国家或地区由相对落后的不发达状态向相对先进的发达状态的过渡和转变，或者由发达状态向更加发达状态的过渡和转变，其内容包括经济、政治、社会、科技、文化、教育以及人自身等多方面的发展，是一个动态的、全面的社会转型和进步过程。发展不是一个简单的增长过程，而是一个在遵循自然规律、经济规律和社会规律基础上，通过结构优化实现的质的飞跃。

发展问题表现形式多种多样，例如人与自然关系的紧张、贫富差距过大、经济社会发展失衡、社会政治动荡等，但就其实质而言都是人类不断增长的需要与现实资源的稀缺性之间的矛盾的外化。我们解决发展问题，不可能通过片面地压抑和控制人类的需要这样的方式来实现，而只能通过不断创造和提供新的资源以满足不断增长的人类需要的路径来实现，这种解决发展问题的根本途径就是创新。改革开放40多年来，我们正是因为遵循经济发展规律，实施创新驱动发展战略，积极转变发展方式、优化经济结构、转换增长动力，积极扩大内需，实施区域协调发展战略，实施乡村振兴战略，坚决打好防范化解重大风险、精准脱贫、污染防治的攻坚战，才不断推动中国经济更高质量、更有效率、更加公平、更可持续地发展。

发展本质上是一个遵循社会规律、不断优化结构、实现协调发展的过程。协调既是发展手段又是发展目标，同时还是评价发展的标准和尺度，是发展两点论和重点论的统一，是发展平衡和不平衡的统一，是发展短板和潜力的统一。坚持协调发展，学会“弹钢琴”，增强发展的整体性、协调性，这是我国经济社会发展必须要遵循的基本原则和基本规律。改革开放40多年来，正是因为我们遵循社会发展规律，推动经济、政治、文化、社会、生态协调发展，促进区域、城乡、各个群体共同进步，才能着力解决人民群众所需所急所盼，让人民共享经济、政治、文化、社会、生态等各方面发展成果，有更多、更直接、更实在的获得感、幸福感、安全感，不断促进人的全面发展、全体人民共同富裕。

人类社会发展活动必须尊重自然、顺应自然、保护自然，遵循自然发展规律，否则就会遭到大自然的报复。生态环境没有替代品，用之不觉，失之难存。环境就是民生，青山就是美丽，蓝天也是幸福，绿水青山就是金山银山；保护环境就是保护生产力，改善环境就是发展生产力。正是遵循自然规律，我们始终坚持保护环境和节约资源，坚持推进生态文明建设，生态文明制度体系加快形成，主体功能区制度逐步健全，节能减排取得重大进展，重大生态保护和修复工程进展顺利，生态环境治理明显加强，积极参与和引导应对气候变化国际合作，中国人民生于斯、长于斯的家园更加美丽宜人。

正是基于对发展规律的遵循，中国人民沿着中国道路不断推动科学发展，创造了辉煌的中国奇迹。正如习近平总书记在庆祝改革开放40周年大会上的讲话中所指出的："40年春风化雨、春华秋实，改革开放极大改变了中国的面貌、中华民族的面貌、中国人民的面貌、中国共产党的面貌。中华民族迎来了从站起来、富起来到强起来的伟大飞跃！中国特色社会主义迎来了从创立、发展到完善的伟大飞跃！中国人民迎来了从温饱不足到小康富裕的伟大飞跃！中华民族正以崭新姿态屹立于世界的东方！"

有人曾经认为，西方文明是世界上最好的文明，西方的现代化道路是唯一可行的发展"范式"，西方的民主制度是唯一科学的政治模式。但是，经济持续快速发展、人民生活水平不断提高、综合国力大幅提升的"中国道路"，充分揭开了这些违背唯物辩证法"独断论"的迷雾。正如习近平总书记在庆祝改革开放40周年大会上的讲话中所指出的："在中国这样一个有着5000多年文明史、13亿多人口的大国推进改革发展，没有可以奉为金科玉律的教科书，也没有可以对中国人民颐指气使的教师爷。鲁迅先生说过：'什么是路？就是从没路的地方践踏出来的，从只有荆棘的地方开辟出来的。'"我们正是因为始终坚持解放思想、实事求是、与时俱进、求真务实，坚持马克思主义指导地位不动摇，坚持科学社会主义基本原则不动摇，勇敢推进理论创新、实践创新、制度创新、文化创新以及各方面创新，才不断赋予中国特色社会主义以鲜明的实践特色、理论特色、民族特色、时代特色，形成了中国特色社会主义道路、理论、制度、文化，以不可辩驳的事实彰显了科学社会主义的鲜活生命力，社会主义的伟大旗帜始终在中国大地上高高飘扬！

四、中国式现代化是根植于中国文化传统的现代化，从根本上反对国强必霸的逻辑，向人类展示了中国智慧的世界历史意义。

《周易》有言："形而上者谓之道，形而下者谓之器。"每一个国家和民族的历史文化传统不同，面临的形势和任务不同，人民的需要和要求不同，他们谋求发展造福人民的具体路径当然可以不同，也必然不同。中国式现代化道路的开辟充分汲取了中国传统文化的智慧，给世界提供了中国气派和中国风格的思维方式，彰显了中国之"道"。

中国传统文化主张求同存异的和谐发展理念，认为万物相辅相成、相生相克、和实生物。《周易》有言："生生之谓易。"正是在阴阳对立和转化的过程中，世界上的万事万物才能够生生不息。《国语·郑语》中史伯说："夫和实生物，同则不继。以他平他谓之和，故能丰长而物归之；若以同裨同，尽乃弃矣。"《黄帝内经素问集注》指出："故发长也，按阴阳之道。孤阳不生，独阴不长。阴中有阳，阳中有阴。"二程（程颢、程颐）认为，对立之间存在着此消彼长的关系，对立双方是相互影响的。"万物莫不有对，一阴一阳，一善一恶，阳长而阴消，善增而恶减。"他们认为"消长相因，天之理也。""理必有对待，生生之本也。”正是在相互对立的两个方面相生相克、此消彼长的交互作用中，万事万物得以生成和毁灭，不断地生长和变化。这些思维理念在中国道路中也得到了充分的体现。中国道路主张合作共赢，共同发展才是真的发展，中国在发展过程中始终坚持互惠互利的原则，欢迎其他国家搭乘中国发展的“便车”。中国道路主张文明交流，一花独放不是春，世界正是因多彩而美丽，中国在国际舞台上坚持文明平等交流互鉴，反对“文明冲突”，提倡和而不同、兼收并蓄的理念，致力于世界不同文明之间的沟通对话。

中国传统文化主张世界大同的和谐理念，主张建设各美其美的和谐世界。为世界谋大同，深深植根于中华民族优秀传统文化之中，凝聚了几千年来中华民族追求大同社会的理想。不同的历史时期，人们都从不同的意义上对大同社会的理想图景进行过描绘。从《礼记》提出“天下为公，选贤与能，讲信修睦。故人不独亲其亲，不独子其子。使老有所终，壮有所用，幼有所长，鳏寡孤独废疾者皆有所养”的社会大同之梦，到陶渊明在《桃花源记》中描述的“黄发垂髫，并怡然自乐”的平静自得的生活场景，再到康有为《大同书》中提出的“大同”理想，以及孙中山发出的“天下为公”的呐喊，一代又一代的中国人，不管社会如何进步，文化如何发展，骨子里永恒不变的就是对大同世界的追求。习近平总书记强调：“世界大同，和合共生，这些都是中国几千年文明一直秉持的理念。”这一论述充分体现了中华传统文化中的“天下情怀”。“天下情怀”一方面体现为“以和为贵”，中国自古就崇尚和平、反对战争，主张各国家、各民族和睦共处，在尊重文明多样性的基础上推动文明交流互鉴。另一方面则体现为合作共赢，中国从不主张非此即彼的零和博弈，始终倡导兼容并蓄的理念，我们希望世界各国能够携起手来共同应对全球挑战，希望通过汇聚大家的力量为解决全球性问题作出更多积极的贡献。

中国有世界观，世界也有中国观。一个拥有5000多年璀璨文明的东方古国，沿着社会主义道路一路前行，这注定是改变历史、创造未来的非凡历程。以历史的长时段看，中国的发展是一项属于全人类的进步事业，也终将为更多人所理解与支持。世界好，中国才能好。中国好，世界才更好。中国共产党是为中国人民谋幸福的党，也是为人类进步事业而奋斗的党，我们所做的一切就是为中国人民谋幸福、为中华民族谋复兴、为人类谋和平与发展。中国共产党的初心和使命，不仅是为中国人民谋幸福，为中华民族谋复兴，而且还包含为世界人民谋大同。为世界人民谋大同是为中国人民谋幸福和为中华民族谋复兴的逻辑必然，既体现了中国共产党关注世界发展和人类事业进步的天下情怀，也体现了中国共产党致力于实现“全人类解放”的崇高的共产主义远大理想，以及立志于推动构建“人类命运共同体”的使命担当和博大胸襟。

中华民族拥有在5000多年历史演进中形成的灿烂文明，中国共产党拥有百年奋斗实践和70多年执政兴国经验，我们积极学习借鉴人类文明的一切有益成果，欢迎一切有益的建议和善意的批评，但我们绝不接受“教师爷”般颐指气使的说教！揭示中国道路的成功密码，就是问“道”中国道路，也就是挖掘中国道路之中蕴含的中国智慧。吸收借鉴其他现代化强国的兴衰成败的经验教训，也就是问“道”强国之路的一般规律和基本原则。这个“道”不是一个具体的手段、具体的方法和具体的方略，而是可以为每个国家和民族选择“行道”之“器”提供必须要坚守的价值和基本原则。这个“道”是具有共通性的普遍智慧，可以启发其他国家和民族据此选择适合自己的发展道路，因而它具有世界意义。

路漫漫其修远兮，吾将上下而求索。“为天地立心，为生民立命，为往圣继绝学，为万世开太平”，是一切有理想、有抱负的哲学社会科学工作者都应该担负起的历史赋予的光荣使命。问道强国之路，为实现社会主义现代化强国提供智慧指引，是党的理论工作者义不容辞的社会责任。红旗文稿杂志社社长顾保国、中国青年出版社总编辑陈章乐在中央党校学习期间，深深沉思于问道强国之路这一“国之大者”，我也对此问题甚为关注，我们三人共同商定联合邀请国内相关领域权威专家一起“问道”。在中国青年出版社皮钧社长等的鼎力支持和领导组织下，经过各位专家学者和编辑一年的艰辛努力，几易其稿。这套丛书凝聚着每一位同仁不懈奋斗的辛勤汗水、殚精竭虑的深思智慧和饱含深情的热切厚望，终于像腹中婴儿一样怀着对未来的希望呱呱坠地。我们希望在强国路上，能够为中华民族的伟大复兴奉献绵薄之力。我们坚信，中国共产党和中国人民将在自己选择的道路上昂首阔步走下去，始终会把中国发展进步的命运牢牢掌握在自己手中！

是为序！

董振华

2022年3月于中央党校

第4章 强海之路

——从“以海强国”到“海洋强大的国家”

第5章 海洋经济

——解决陆域资源短缺的唯一途径

第6章 海洋生态

——人海和谐的美丽海洋

第7章 海洋科技

——海洋竞争的核心实力

第 1 章

海洋国土

——碧波万里的海疆

海洋对人类社会生存和发展具有重要意义，海洋孕育了生命、联通了世界、促进了发展。海洋是高质量发展战略要地。要加快海洋科技创新步伐，提高海洋资源开发能力，培育壮大海洋战略性新兴产业。要促进海上互联互通和各领域务实合作，积极发展“蓝色伙伴关系”。要高度重视海洋生态文明建设，加强海洋环境污染防治，保护海洋生物多样性，实现海洋资源有序开发利用，为子孙后代留下一片碧海蓝天。

——习近平总书记致2019中国海洋经济博览会的贺信（2019年10月15日）

海洋是流动的，连接世界各地，无论是昨天、今天还是明天，海洋都是大自然赋予我们最便利、最经济的流通媒介。一经充分利用，海洋便产生巨大的经济利益，为人类的生存和可持续发展提供重要的物质保障。中华民族是最早利用海洋的民族之一。但是，受农耕文明影响，历史上中国人的海洋意识薄弱，长期重陆轻海。大多数人从小就接受“领土就是国土，国土面积960万平方千米”的教育，对海洋冷漠且陌生。实际上，我国的国土不仅仅包括960万平方千米的陆地国土，还包括37万平方千米的内水和领海面积，以及近300万平方千米的主张管辖海域面积。此外，根据《联合国海洋法公约》，我国还在国际海底区域拥有五块勘探矿区。

一、海洋的价值和意义

地球表面大部分面积被海洋覆盖，地球表面积5.1亿平方千米，其中海洋总面积为3.6亿平方千米左右，约占地球表面积的71%，平均水深3795米左右，海洋中含有13.5万多立方千米的水，约占地球总水量的97%。海洋作为地球最大的生态系统，影响着全球能量流动、物质循环与生态安全，大规模洋流运动对全球气候变化起着至关重要的作用。海洋也是重要的生命保障系统，人类食用蛋白质的20%以上来自海洋，全球60%的人口居住在距海岸线100千米以内的海岸带地区。可以说，人类的起源、生存和发展，与海洋紧密相连。海洋在国际政治、军事、科技、经济领域具有深远的战略意义和重要的现实意义，是世界竞相开发利用的“蓝色疆土”。

（一）海洋是地球生命的摇篮，提供生命诞生和繁衍的必要条件

1.海洋提供生命生长必需的营养成分和氧气

海洋在默默支持着地球上的生灵。海洋中的微生物提供了最基础的营养成分，造就了整个海洋系统庞大而复杂的食物链；海洋广阔的海面上生存的藻类植物，承担了地球上大部分氧气的制造，如果没有海洋而仅靠陆地植物的光合作用，地球上的氧气是远远不够的。

2.古老的海洋孕育出最原始的生命

地球上的原始生命来源于海洋，现有地球上的各类生命包括人类都是原始生命的后裔及发展。数亿年前，海洋孕育出最原始的生命，当今，广阔无垠的海洋依然是无数生命的乐园。氨基酸和核酸是最早的生命形式，可能起源浅海或深海热液孔周围，而后便历经古生代、中生代、新生代三个时期，经历了长达亿万年的演变、进化和分异。

生命起源于海洋，地球上的生物由低级向高级不断进化，而大多数低级动物是从海洋里逐渐演化成陆地生物的，于是人们称海洋为“生命的摇篮”。哺乳类、植物、鱼类、爬行类、鸟类、蠕虫、两栖类，都是从海洋开始各自的演化进程。当今，已知的生物物种中，海洋物种数量远远小于陆地。然而，从大的分类单元来看，海洋中生活的物种门类远远超过陆地。在已知的36个动物门中，海洋生物就有35个门，有13个门是海洋特有的，而陆地生物11个门中仅有1个门是特有的，淡水生物则没有特有的门。[1]目前，包括矛尾鱼、海豆芽、鹦鹉螺、鲎等被

1.《海洋是地球生命的摇篮》,《海洋世界》2015年第4期。

誉为活化石的大量古老孑遗物种依然残存在海洋中。

（二）海洋是潜力巨大的资源宝库，提供丰富的食物和巨大储量的多种资源

海洋蕴藏着丰富且品种繁多的资源，包括海水资源、海洋生物资源、海洋矿产资源、海洋能源、海洋空间资源等，是人类产品供给的重要来源，对人类的生存和发展产生着重要作用。

1.物质资源

海洋物质资源主要包括海水资源、海洋生物资源、海洋矿产资源等。一是海水资源。海水约占地球总水量的97%，海水淡化和综合利用是实现沿海地区水资源可持续利用的重要途径。二是海洋生物资源。海洋蕴藏着地球上80%左右的生物资源，包括渔业、基因、生物代谢产物资源等，是人类食物和医药的重要来源。海洋生物多达20万种，海洋微生物数量、种类更是难以估算。海洋提供了全球90%的动物蛋白，每年提供鱼、虾、贝、藻等多达6亿吨。根据估算，海洋生物资源能够满足地球上300亿人口全部蛋白质需求。三是海洋矿产资源。海底还蕴藏着非常丰富的矿物资源，比如多金属结核、富钴结壳和热液硫化物等，其中多金属结核的资源总量超过陆地上的资源储量。[1]同时，海洋中还蕴藏着丰富的油气资源，其石油资源量约占全球石油资源总量的34%。近年来人类对海洋进

1.陈明义：《建设海洋强国是中华民族伟大复兴的一个重要战略》，《发展研究》2010年第6期。

行了由浅至深、由简到繁的勘察和开采历程。[1]

据国际能源署（IEA）2018年统计，全球海洋石油和天然气探明储量为354.7亿吨和95万亿立方米，分别占全球总储量的20.1%和57.2%；从探明程度看，海洋石油和天然气的资源总体探明率仅分别为23.7%和30.6%，尚处于勘探早期阶段。世界海洋油气资源分布极不均衡，在四大洋及数十处近海海域中，石油、天然气含量排前四位的分别是波斯湾海域、委内瑞拉的马拉开波湖海域、北海海域、墨西哥湾海域。

2.海洋能源

海洋能源主要包括海洋风能、潮汐能、潮流能、波浪能、温差能、盐差能等，开发利用前景极为广阔，蕴藏量非常巨大，是值得人类高度重视的能源。海洋能源主要具有如下特点：取之不尽，用之不竭；海洋总水体中蕴藏量巨大，而单位体积、单位面积、单位长度所拥有的能量较小；属于清洁能源，只产生非常小的环境污染影响。因此，海洋能源对生态环境建设、人与自然和谐共处具有重要战略意义。

3.海洋空间资源

由海体水域、海底和海洋上空及岛屿组成的空间资源，可以为人类提供长期生存与发展的巨大空间。以往，海洋空间的利用方式集中在港口和海洋运输。当前，随着现代科技的快速发展，海上人工岛、海上机场、海底电缆、海底仓库、海底隧道、跨海大桥、海洋空间站、围海造田、新型的“海上城市”等，各种工业、生产、生活、娱乐和储存基地已经成功在海洋

1.何颖、黄炎：《海洋资源开采中保护海洋环境的意义》，《中国市场》2018年第1期。

空间建造起来，获得了巨大的经济效益和社会效益。同时，以“阳光、沙滩、海水”的优美环境以及海边、海岛的丰富历史文化为基础，可以大力发展现代海洋旅游业。[1]海洋空间是地球表面最大的公共空间，作为拓展人类生存和发展的新空间越来越受到国际社会的重视，海洋空间开发将是全球的重点竞争领域。

（三）海洋是风雨的故乡和气候调节器，控制和调节全球气候

海洋是地球水圈的最重要组成部分，同气候系统各圈层之间相互依存、互为作用，对气候的变化和发展有特别大的影响，是地球上决定气候发展的主要因素之一。

1.海洋对地球气候变化的直接影响

海洋通过参与地球表面的热量循环和水循环从而直接影响地球的气候变化。太阳热能到达地球的辐射量，是影响气候变化的重要因素，既受控于日地距离的长周期变化，同时也受到地球表面特征、海陆分布、大气成分等因素的共同影响。到达地球的太阳辐射大部分落在海洋并被其吸收，海洋是地球表面最大储热体，具有很大的质量和比热。海洋巨大的热惯性使得海面温度的变化比陆面温度的变化小得多，它对大气温度的变化起着缓冲器和调节器的作用，如果全球100米厚的表层海水降温1℃，放出的热量就可以使全球大气增温60℃。

作为大气中水蒸气的主要来源，大量水汽在海水蒸发时会

1.陈明义：《建设海洋强国是中华民族伟大复兴的一个重要战略》，《发展研究》2010年第6期。

被带到大气之中。海洋的蒸发量大约占地表总蒸发量的84%，每年可以把36000亿立方米的水转化为水蒸气。因此，作为大气中水汽和热量的主要来源，海洋参与到了地表表面的物质和能量平衡，对大气热量和水汽含量与分布产生深刻影响，在调节和稳定气候方面发挥着关键作用，故而，海洋是气候系统中不可或缺的重要组成。

2.海洋对地球气候变化的间接影响

海洋水体运动、海洋吸收二氧化碳是海洋对地球气候变化产生的主要间接影响。海水受到太阳热能的驱动，形成大洋环流，使高低纬度水域的水体发生交换，在此过程中，水体所含的热能也从低纬区域向高纬区域输送。在全球气候变暖的背景下，大洋环流驱动的能量交换得以加剧，其结果是改变了高纬区域的风场和降水格局。[1]另一个主要间接影响是海洋吸收二氧化碳带来的。二氧化碳是导致气候上升的主要温室气体之一，而海洋吸收了大气中高达40%的二氧化碳，能够有效减缓该效应，因此海洋被誉为“碳的储存库”。溶解于海水中的二氧化碳一般有两个去处，一是通过光合作用转化成海洋浮游植物的身体，二是与钙相结合形成碳酸钙，双壳类和腹足类动物等海洋生物用它建造自己的介壳。

3.厄尔尼诺现象、拉尼娜现象

海洋对气候的影响是显而易见的。近年来，较为知名的厄尔尼诺现象和拉尼娜现象就是海洋与大气相互作用的产物，引发全球水量分布不均、分配紊乱，使得部分区域洪水频发、部

1.高抒:《海洋与“应对气候变化”》,《海洋世界》2010年第1期。

分区域连年干旱，对全球气候产生了很大影响。

厄尔尼诺是赤道太平洋中部和东部海洋表面温度持续异常增暖的一种海洋异常现象。厄尔尼诺发生时，热带中、东太平洋海水温度迅速增高，引发热带中、东太平洋区域以及南美太平洋沿岸国家暴雨连降、洪水泛滥。与此同时，热带西太平洋区域的降水减少，引发干旱。拉尼娜是太平洋中、东部海水异常变冷的现象。表面被太阳晒热的海水被东南信风吹向太平洋西部，造成西部海平面比东部高，从而引发海温升高，东部底层海水上翻引发东太平洋海温降低，伴随着全球性气候混乱，常出现在厄尔尼诺现象之后。拉尼娜经常与厄尔尼诺交替出现，但发生频率比厄尔尼诺要低。总体来说，拉尼娜的强度和影响程度不如厄尔尼诺，但也会给全球许多地区带来灾难。

（四）海洋是交通的要道，提供海上交通最为经济便捷的运输途径

1. 海洋因其独特优势成为国际贸易的主要运输方式

国际货物运输有多种方式，包括铁路运输、航空运输、公路运输、海洋运输、邮政运输、管道运输、运河运输等。地球各块大陆因海隔离、靠海往来，海洋运输历史悠久，在国际货物运输中占据着非常重要的位置，发挥着举足轻重的作用。美国《航运杂志》公布的统计数据显示，各种运输方式在国际运输中的比重是：海洋运输占75%—80%（相邻国家之间陆上运输占15%—20%，航空运输占3%—4%）。[1]尤其是在经济全球

---

1. 转引自李兵：《论海上战略通道的地位与作用》，《当代世界与社会主义》2010年第2期。

化背景下，各国物质生产和贸易活动越发密切，能源原料和商品运输需求强烈。而国际海洋货物运输因其通过能力大、运量大、连续性强、费用低、适合大宗货物运输以及对货物适应性强等众多优越性，被认为是经济便捷的运输途径，成为国际贸易中的主要运输方式。

2.海上战略通道安全日益影响着国家的生存和发展

伴随着世界全球化趋势的不断发展，国家与国家之间的利益、国家与全球之间的利益越发紧密相连。18世纪以来海洋通道是海洋国家至关重要的利益，不仅是维持经济繁荣和施加全球影响的手段，甚至是国家的生存手段。“谁控制了海上通道，谁就控制了海洋；谁控制了海洋，谁就控制了世界贸易；谁控制了世界贸易，谁就控制了世界财富；谁控制了世界财富，谁就控制了世界本身。”由此可见，海上通道对一个国家的经济安全、能源运输安全、军事安全，产生全面、长久的影响，深刻影响着国家的生存和发展，海上通道安全已经上升到国家战略层面。因此，各国不断加紧对海上通道的争夺、利用与控制。

如今世界重要海上交通要道主要有七个，包括苏伊士运河、巴拿马运河、马六甲海峡、直布罗陀海峡、霍尔木兹海峡、曼德海峡、土耳其海峡，因其是海上交通要道、航运枢纽，而成为兵家必争之地。世界主要的海运航线，包括巴拿马运河航线，途经巴拿马运河，是沟通大西洋和太平洋的捷径，对美国东西海岸的往来具有重要意义；北冰洋航线是世界上最繁忙的海上运输路线，而好望角航线是石油运量最大的航线，被称为西方国家的石油“生命线”；苏伊士运河航线，途经台湾海峡、巴士海峡、马六甲海峡、曼德海峡和苏伊士运河、直布罗陀海峡、

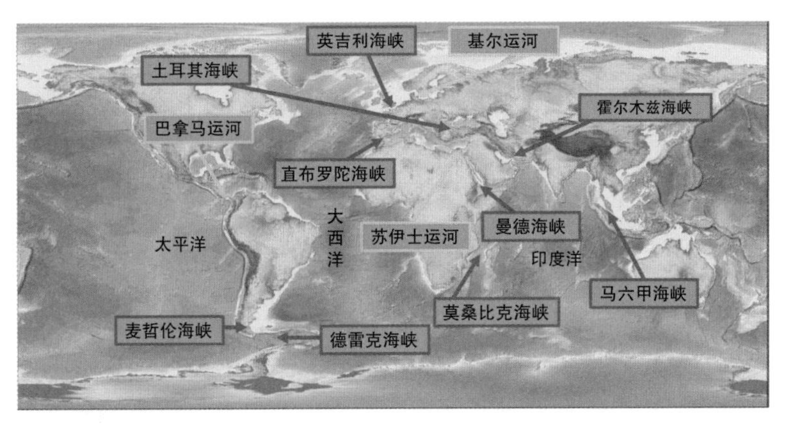

* 世界主要海峡及运河

英吉利—多佛尔海峡等。[1]这些重要的海运航线是海洋运输必经的咽喉要道，在海洋运输中发挥着重要作用。

二、海洋是我们生存空间的延伸

中国位于亚洲东部，太平洋西岸，北起漠河附近的黑龙江江心，南到南沙群岛的曾母暗沙。西起帕米尔高原，东至黑龙江、乌苏里江汇合处。领海由渤海（内海）和黄海、东海、南海三大边海组成，东部和南部海岸线长1.8万千米，内海和边海的水域面积约470万平方千米。其中，渤海面积7.7万平方千米，平均水深18米，最深处70米；黄海面积38万平方千米，平均水深44米，最深处140米，海床为半封闭型浅海大陆架；东海面积77万平方千米，北起长江北岸至济州岛方向一

1.李兵：《论海上战略通道的地位与作用》，《当代世界与社会主义》2010年第2期。

线，南以广东省南澳到台湾地区本岛南端一线，东至冲绳海槽（以冲绳海槽与日本领海分界），正东至台湾岛东岸外12海里一线；南海总面积350万平方千米，其海底是一个巨大的海盆，海盆的山岭露出海面就是我国的东沙、西沙、中沙、南沙群岛，这些海底山岭是中国大陆架的自然延伸。海域分布有大小岛屿7600个，其中台湾岛最大，面积35798平方千米。

现在的中国已不再局限于“长江、长城、黄山、黄河”的陆地观，而是放眼陆地和海洋，陆海统筹，齐头并进。海洋不会消失，也不会自己主动走过来，而是要我们积极主动地走向

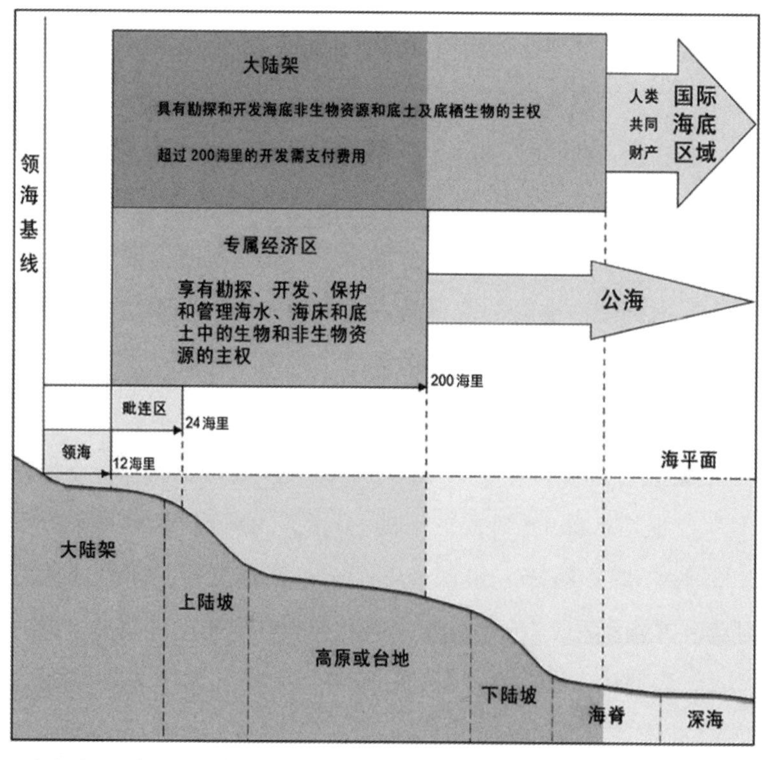

* 海域划分示意图

海洋、了解海洋、经略海洋，从而拓展生存空间，获取更多的资源。要做到这一点，就必须了解全球海域的划分以及我们在各类海域有哪些权利和义务。

（一）我国的管辖海域

根据《联合国海洋法公约》（以下简称《公约》），我国可以主张大约300万平方千米的管辖海域面积，包括内水、领海、毗连区、专属经济区和大陆架。

1.内水

内水是指一国领海基线向陆地的一面海域，包括沿岸国的湖泊、河流及其河口、内海、港口、海湾等；对于群岛国而言，是指其群岛水域内河口、海湾、港口封闭线以内的水域。内水与陆地领土的地位相同，是国家领土的组成部分，国家对其享有完全的排他性的主权，非经许可，他国船舶和飞机不得进入其中进行活动。我国的内水包括渤海和琼州海峡。

2.领海

领海是指领海基线向海一侧、宽度不超过12海里的海域，包括其上空、海床和底土，是国家领土的组成部分。领海宽度的来源是一个漫长的过程。在18世纪时，各国以大炮能打到的最远距离为准，当时大炮射程约为3海里（5.6千米），所以当时海洋大国大都以3海里为界限。然而，随着大炮的射程越来越远，各国也随之把领海的宽度扩大到7千米、11千米、22千米不等。到1972年，由秘鲁等国家带头，把领海宽度扩大到370千米。最后到1982年，《公约》规定，每个国家有权确定自己领海的宽度，但最宽不得超过12海里。我国严格按照《公约》规定，领海的宽度从领海基线量起，向外最宽不超过12海里。

根据《公约》规定，沿海国对领海的上空、水域及其海床和底土享有主权，外国船舶在领海内享有无害通过权。

（1）领海基线

领海基线是测算领海宽度的起始线，一般采用正常基线和直线基线两种方法划分。

正常基线是沿海国官方承认的大比例尺海图所标明的沿岸低潮线。

直线基线则是在岸线较为曲折或者如果接近海岸有一系列岛屿的地方，确定适当点后再用直线连接而成领海基线。

（2）领海界限

领海的界限有内部和外部之分。内部界限即是领海基线，是领海和内水的分界线。外部界限，也称为“领海线”，是领海与毗连区、专属经济区等的分界线。在现实情况中，有海岸相邻或相向的国家间经常会发生领海交叠的情况，按照《公约》规定，相关国家应该通过签订协议的方法来解决纠纷，在没有相反协议的情况下，任何国家都无权将其领海线延伸至中间线以外。

（3）无害通过权

无害通过是指船舶为了穿过领海但不进入内水或停靠内水以外的泊船处或港口设施，或为了驶往或驶出内水或停靠这种泊船处或港口设施的目的而在领海航行。需要注意的是，无害通过必须不损害沿海国的和平、良好秩序或安全，也不得从事《公约》第19条所列举的任何一种活动。作为沿海国，不应妨碍外国船舶无害通过领海，但可以制定相关法律和规章，外国船舶需要遵守这些法律和规章。

我国在批准《公约》时，对于无害通过作出了以下声明：《公约》有关无害通过的规定，不妨碍沿海国按其法律和规章要求外国军舰通过领海必须事先得到该国许可或通知该国的权利。另外，我国的“领海及毗连区法”也对此作出了规定，即外国军舰通过我国领海，必须经我国政府批准。

3. 毗连区

毗连区是指毗连领海、沿海国对其间的特定事项进行管制的海域，其宽度从领海基线量起不得超过24海里。在毗连区内，沿海国可行使以下权利：防止在其领土或领海内违犯其海关、财政、移民或卫生的法律和规章；惩治在其领土或领海内违犯上述法律和规章的行为。《中华人民共和国领海及毗连区法》也对此作出了规定，有权在毗连区内对于违反有关安全、海关、财政、卫生或出入境管理的法律法规的行为进行管制。

4. 专属经济区

专属经济区的法律地位不同于领海，也不同于其他海域，而是自成一类。这一概念是由肯尼亚正式提出。1972年6月，17个非洲国家在喀麦隆首都雅温得召开非洲国家关于海洋法区域的讨论会，会议上建议非洲国家有权在其领海外设立一个“经济区”，沿海国在该区域内享有专属管辖权，8月，肯尼亚正式提出“专属经济区”的概念。

（1）专属经济区的法律制度

专属经济区是指领海以外并邻接领海的一带海域，宽度是从领海基线量起不超过200海里。《公约》第56和第58条规定了沿海国在专属经济区的权利和义务。权利主要有2项主权权利和3项管辖权。主权权利分别是：以勘探和开发、养护和管理海床上覆水域和海床及其底土的自然资源为目的的主权权利，以及从事利用海水、海流和风力生产能经济性开发和勘探活动的主权权利。管辖权分别是：对人工岛屿、设施和结构的建造和使用的管辖权，对海洋科学研究的管辖权，以及对海洋环境的保护和保全的管辖权。沿海国在专属经济区行使权利和履行义务时，要顾及其他国家的权利和义务。其他国家在沿海国的专属经济区内享有航行和飞越自由、铺设海底电缆和管道的自由，以及与这些自由有关的海洋其他国际合法用途，同时也要顾及沿海国的权利和义务。

（2）专属经济区的划界

在海岸相向或相邻国家间划定专属经济区时，如果有纠纷，应在国际法的基础上通过协商划定，若协商不成，也可通过谈判或其他强制方式解决，在解决之前，两国需要努力作出临时性安排。当然，这种安排应该不妨碍最后界限的划分。我国对于专属经济区的规定集中出现在《中华人民共和国专属经济区和大陆架法》中，该法规定我国专属经济区的宽度从领海基线量起不超过200海里。

5.大陆架

大陆架这一法律概念的形成始于第二次世界大战后，1945年美国发表《杜鲁门公告》，指出大陆架是国家领土的延伸，并宣布位于公海之下毗连美国海岸的大陆架底土和海床资源属于美国。该公告之后，其他国家也纷纷效仿，只不过主张的内容和范围各有不同。1958年《大陆架公约》签署，确立了大陆架的外部界限，即在领海范围外但邻接海岸，深度达200米或超过此限度而上覆水域的深度容许开采其自然资源的海底区域的海床和底土。随后，在《公约》的第三次谈判中，对大陆架进行了详细的规定。

（1）大陆架的法律制度

大陆架是大陆向海洋的自然延伸，简单说就是被水覆盖的大陆。《公约》对大陆架进行了定义，是指包括其领海以外依其陆地领土的全部自然延伸，扩展到大陆边外缘的海底区域的海床和底土，如果从测算领海宽度的基线量起到大陆边的外缘的距离不到200海里，则扩展到200海里。《公约》还规定了沿海国陆地领土向海洋的自然延伸超过其领海基线200海里以外的，可以主张200海里以外的大陆架，但不应超过从领海基线量起350海里。沿海国应将其200海里以外大陆架外部界限连同其科学证据和法律依据，提交给大陆架界限委员会。大陆架界限委员会审议后，给沿海国提出建议，该建议是具有确定性和约束力的。

沿海国对于大陆架享有以勘探大陆架和开发其自然资源为目的的主权权利，这一权利是沿海国专属的。简单说就是如果沿海国不勘探开发大陆架，那么未经同意，其他国家也不得从事勘探开发活动。所有国家都享有在大陆架上铺设海底电缆和管道的权利，沿海国家除为了勘探开发大陆架的自然资源和防止、减少和控制管道造成的污染而采取措施外，不得阻碍海底电缆和管道的铺设，当然各国在铺设时也要遵守沿海国的相关规定，并适当顾及已有的电缆和管道。

（2）大陆架的划界

在海岸相向或相邻的国家间进行大陆架划界容易引起争端，尤其是自《大陆架公约》通过后，其中最著名的就是1969年的北海大陆架案。案件最后的判决结果认定自然延伸是与大陆架有关的所有规则中最基本的法律规则，而且大陆架划界应该按照公平原则，考虑一切有关情况，通过协商进行。《公约》第83条对大陆架划界作出了规定，与专属经济区划界的规定是相应的。

《中华人民共和国专属经济区和大陆架法》对于大陆架划界也作出了规定，即我国与海岸相邻或相向的国家关于专属经济区和大陆架的主张重叠的，在国际法的基础上按照公平原则以协议划定界限。在实践中，我国与越南签署了“关于两国在北部湾领海、专属经济区和大陆架的划界协定”，这是我国与周边国家签署的第一份海域划界协定。

沿海国在管辖海域享有的权利

海域	沿海国的权利
内水	沿海国享有完全领土主权。
领海	沿海国享有主权权利，该权利及于领海的水体、上空、海床和底土。
毗连区	沿海国享有对海关、财政、移民或卫生事项的管制权。
专属经济区	**两项主权权利：**勘探和开发、养护和管理自然资源的主权权利，从事经济性开发和勘探等活动的主权权利。**三项管辖权：**对人工岛屿、设施和结构的建造和使用的管辖权，对海洋科学研究的管辖权，对海洋环境保护和保全的管辖权。对于专属经济区海床和底土的权利，按照大陆架的规定行使。
大陆架	**一项主权权利：**勘探和开发大陆架及其自然资源的主权权利。**一项专属权利：**授权和管理大陆架钻探的专属权利。**三项管辖权：**对人工岛屿、设施和结构的建造和使用的管辖权，对海洋科学研究的管辖权，对海洋环境保护和保全的管辖权。

（根据《公约》条款整理）

（二）海洋“公域”

根据《公约》，除国家管辖海域外，还有不受任何国家主权管辖和支配的海洋区域，包括公海、国际海底区域、南极和北极。这些区域可以称为海洋“公域”，属于人类共同继承财产。

1.公海

（1）公海制度

公海制度由来已久。17世纪初，格劳秀斯在《海洋自由论》中就曾论述过，海洋浩瀚无边，是取之不尽用之不竭的，不能为任何人所占有，也不应被任何国家支配，所有国家都可以自由使用。这一理论为公海制度的建立奠定了基础。传统海洋法中，将公海定义为，领海之外即为公海。然而，根据《公约》规定，公海是国家内水、领海、专属经济区或群岛国的群岛水域以外的全部海域。公海对所有国家开放，且只应用于和平目的，任何国家都不得将公海的任何一部分置于其主权之下。值得注意的是，公海制度只适用于公海水域，而不适用于公海的海床和底土。军舰、军用飞机、专用于政府非商业性服务的船舶和飞机在公海上享有豁免权。

（2）公海自由

公海自由是指任何国家都可以在公海上从事国际法不禁止的活动，这是传统海洋法中公认的基本制度。当然，各国在行使公海自由的权利时，需要遵守相关的国际法规则，还要适当顾及其他国家的利益。

公海自由最初只是航行和捕鱼自由。《公海公约》通过后，公海自由扩大成4项自由，即航行自由、捕鱼自由、飞越自由和铺设海底电缆和管道的自由。《公约》生效后，公海自由扩大为6项自由，即航行自由、飞越自由、铺设海底电缆和管道的自由、建造国际法所允许的人工岛屿和其他设施的自由、捕鱼自由、科学研究的自由。其中，捕鱼自由在最初是不受限制的，公海上任何人都可以自由捕鱼。随着捕捞的力度越来越大，渔业资源日渐衰竭，国际社会开始限制捕鱼，通过了一系列相关的宣言、协定等，对公海捕鱼自由进行一定程度的限制。

（3）公海管辖权

公海上的管辖主要是船旗国管辖和普遍管辖。船旗国管辖是指在公海上航行的军舰和其他专用于政府非商业性服务的船舶仅受船旗国管辖，有不受任何其他国家管辖的完全豁免权。[1]船旗国在行使管辖权的同时，还要按照国际规章、程序和管理，采取必要的措施保证船舶安全。普遍管辖则主要针对海盗行为。海盗是人类的公敌，每个国家都有权扣押海盗夺取的船只和飞机，并有权逮捕海盗。

另外，还有登临权和紧追权。登临权是指对于航行在公海上的除军舰以外的其他外国船舶，如果有合理依据怀疑其从事海盗行为、奴隶贩卖、未经许可的广播、没有国籍等可以行使登临权进行登临检查，若经证明其并没有从事这些行为，则要赔偿。紧追权是为了保护沿海国的权益，当沿海国有充分理由认为外国船舶在其内水、领海、毗连区、专属经济区或大陆架进行违法活动时，可以对该船舶紧追。只要在上述海域追逐未中断，在该船舶进入公海时，紧追可以继续进行，但当该船舶进入他国领海时，紧追必须停止。紧追权只有为政府服务或经授权的船舶和飞机可以行使，若是无正当理由行使紧追权，则需要向该船舶赔偿损失。

2.国际海底区域

国际海底区域在《公约》中又称“区域”，是国家管辖范围

1.邵津主编：《国际法（第二版）》，北京：北京大学出版社、高等教育出版社2005年8月第2版，第148页。

以外的海床、洋底和底土，即沿海国大陆架以外的整个海底区域。[1]区域向所有国家开放，任何国家不得对区域及其资源行使主权权利。区域内的资源属于人类共同财产，在区域内活动取得的经济利益，应该在各国间公平分配。区域由国际海底管理局代表全人类进行管理，即在区域内进行的勘探开发活动都由管理局安排和控制。国际海底管理局是主权国家组成的国际组织，总部位于牙买加首都金斯敦，由大会、理事会、秘书处组成。针对区域内不同的资源，国际海底管理局讨论制定相关的勘探开发规则。

我国在国际海底管理局的批准下，曾于2001年获得东太平洋多金属结核勘探矿区、2011年获得西南印度洋多金属硫化物勘探矿区、2013年获得西太平洋富钴结壳勘探矿区、2015年获得东太平洋海底多金属结核资源勘探矿区、2019年获得西太平洋国际海底区域多金属结核勘探矿区等。

沿海国在各类海域的权利

海域	沿海国的权利
公海	**六大自由：**航行自由、飞越自由、铺设海底电缆和管道的自由、建造国际法所允许的人工岛屿和其他设施的自由、捕鱼自由、科学研究的自由。 **管辖权、登临权、紧追权**
国际海底区域	人类共同继承的财产

（根据《公约》条款整理）

1. 张海文、贾宇等：《〈联合国海洋法公约〉图解》，北京：法律出版社2010年版，第49页。

3.南极

南极就是地球的最南端，包括南纬60度以南的大陆和岛屿，是世界第五大洲，也被称为“第七大陆”，总面积1400余万平方千米。南极没有常住居民，只有各国的考察人员和捕鲸人。南极陆生植物匮乏，但蕴藏着丰富的淡水、矿藏和海洋资源。矿藏资源有220多种，包括铁矿、铜矿、硫黄矿、镍、钴、铬以及石油和天然气等。海洋资源主要是磷虾、鲸和海豹等。

南极这片净土由《南极条约》《南极海洋生物资源养护公约》《关于环境保护的南极条约议定书》等一系列条约和议定书构成的南极条约体系来守护。南极应永远专为和平目的而使用，禁止任何军事性措施，如建立军事基地和设防工事，举行军事演习以及试验任何类型的武器。2021年6月8日，美国国家地理学会宣布南极周围海域将被称为“南大洋”，并正式承认南大洋为地球第五大洋。当然，这只是美国国家地

* 泰山站主体建筑（新华社，国家海洋局极地办供图）

理学会的宣布，我国还未承认它的存在，现在全球仍然只是七大洲四大洋。

南极地区丰富的资源和广阔的空间，对于中国未来的生存和可持续发展是极其重要的。中国对南极的考察始于1984年，相较于西方发达国家对南极的探索，是南极的后来者。1985年2月，中国在南极洲乔治岛上建立了南极考察站，标志着中国正在向极地考察大国甚至是考察强国方向迈进。同年10月，在第13届南极条约协商会议上，中国正式成为南极条约协商国，从此在南极事务上具有表决权。为便于在南极科考，也为了提升南极科考水平，推动南极国际合作，迄今为止，中国在南极的科考站包括已经建立的长城站、中山站、昆仑站和泰山站，以及在建的罗斯海新站。2017年《中国的南极事业》发布，这是中国政府首次发布白皮书性质的南极事业发展报告。报告中提出了我国政府在南极事务中的基本立场、我国南极事业的未来发展愿景和行动纲领等。2018年，为保护南极环境和生态系统，保障和促进中国在南极活动的安全和有序开展，我国颁布《南极活动环境保护管理规定》。

4.北极

北极具有特殊的地理位置，地理上的北极通常指北极圈（北纬66度34分）以北的陆海兼备区域，总面积约为2100万平方千米。在国际法语境下，北极包括欧洲、亚洲、北美洲的毗邻北冰洋的北方大陆和相关岛屿，以及北冰洋中的国家管辖范围内海域、公海和国际海底区域。北极大陆和岛屿面积约为800万平方千米，有关大陆和岛屿的领土主权分别属于加拿大、俄罗斯、挪威、冰岛、丹麦、瑞典、芬兰、美国八个北极国家。

北冰洋海域的面积超过1200万平方千米，是四大洋中面积最小的一个。北极生活着20个民族，总人口数约为200万。北极地区蕴藏着丰富的石油、天然气、煤炭等不可再生能源，还有渔业、森林资源以及铅、锌、铜、钴、镍和其他稀有元素等矿产资源。另外，北极地区还冻结着大量的淡水资源，在淡水资源缺乏的今天，无疑蕴含着巨大价值，所以北极被称为“地球最后的宝库”。北极自然环境正在经历快速变化，据科学家预测，北极海域可能会出现季节性无冰现象，这为各国商业利用北极航道和开发北极资源提供了巨大机遇。

北极与南极不同，并不是所有地方都是海洋“公域”，根据《公约》，各国只有在北冰洋公海、国际海底区域等特定区域享有国际法所规定的科研、航行、飞越、捕鱼、铺设海底电缆管道、资源勘探开发等权利。中国参与北极事务由来已久，1925年，中国加入《斯匹次卑尔根群岛条约》，正式开启参与北极事务的进程，此后中国关于北极的探索不断深入，实践不断增加。1996年，中国成为国际北极科学委员会成员国，在北极的科研活动日趋活跃，自1999年起中国以“雪龙”号以及后来的“雪龙2”号科考船为平台，成功进行了多次北极科学考察。截至2021年，中国已成功组织了12次北极科学考察，逐步建立了海洋、冰雪、大气、生物等多学科观测体系。2004年中国在斯匹次卑尔根群岛的新奥尔松地区建成“中国北极黄河站”，2005年中国成功举办涉北极事务高级别会议的北极科学高峰周活动，2013年中国成为北极理事会正式观察员。[1]2017年，中

1.参阅国务院新闻办公室2018年1月26日发表的《中国的北极政策》(白皮书)。

国发起“一带一路”合作倡议，与各方共建“冰上丝绸之路”，促进了北极地区的互联互通和可持续发展。

＊ 参与探极的“雪龙”号和“雪龙2”号科考船

2018年，我国发布《中国的北极政策》白皮书，指出中国在地缘上是“近北极国家”，是陆上最接近北极圈的国家之一，北极的自然状况及其变化对中国的气候系统和生态环境有着直接的影响，进而关系到中国的农业、林业、渔业、海洋等领域的经济利益。白皮书还指出，中国的目标是认识、保护、利用和参与治理北极；基本原则是尊重、合作、共赢和可持续；中国愿与各方共建“冰上丝绸之路”，积极推动构建人类命运共同体，为北极的和平稳定作出贡献。同年，中国签署了《预防中北冰洋不管制公海渔业协定》。

随着经济一体化、全球变暖、海冰融化，极地地区的资源价值、科研价值和环境价值凸显，尤其是丰富的矿产资源、生物资源和航道资源等引起各国的强烈关注。各国积极出台极地政策规划，加强极地科学考察、商业航运和资源开发的能力，以提升极地在本国的政治地位，切实保障未来在极地事务占有一席之地。中国作为最大的发展中国家，无论是从维护国家利益的角度，还是从承担的国际责任的角度，都必须关注南北两极，积极参与南北两极的事务。可以说，对于崛起的中国而言，两极战略的确立时不我待。[1]

三、陆海统筹的全新国土观

海洋与国家的命运始终密切相关，走向海洋关乎中国的发展全局。因此，改变几千年来“重陆轻海”的思想，树立陆海统筹的意识，将蓝色国土与陆地领土视为平等且不可分割的整体，引导中华民族走向陆海统筹的全新国土观尤为重要，是中国寻求新的发展路径的重大战略抉择。

（一）陆海统筹的思想渊源

1.近代中国海洋战略思想

1840年，英国从海上打开中国的大门，从此中国开始了屈辱的近代史。

林则徐是清朝较早接触“夷务”的高级官员之一，也是中国“睁眼看世界”的第一人。林则徐广泛搜集国外的各类资料，在充分掌握“夷情”的基础上，确立了以守海口为主的近岸防御思想。基本要求是“固守藩篱”“使之坐困”，这是一种“以守为战”“久待困敌”的海防战略思想。[2]

1.张世平：《哲理大道——当代中国战略的哲学思考》，北京：军事科学出版社2006年版，第372页。

2.刘中民：《中国近代海防思想史论》，青岛：中国海洋大学出版社2006年版，第25—26页。

魏源继承并发展了林则徐的海防思想，于1852年编撰《海国图志》百卷，堪称当时中国最完备的一部介绍世界知识的著作。它系统总结了林则徐的海防论，提出了海权思想，以及“师夷长技以制夷”的著名论断。在林、魏提出海防思想时，其他官员乡绅也纷纷将目光集中在海防问题上，形成了海防热思潮。

第二次鸦片战争的失败使清政府看到了英法海军舰队的巨大优势，建设强大的海军成为清政府的重要计划。1874年，日本侵犯中国台湾，引起清政府朝野震动，直隶总督李鸿章陈述了海军和海防问题的重要性。1875年，清政府发布上谕，筹办南北洋海防，标志着海防战略思想的初步形成。

2.现代中国海洋战略思想

孙中山是中国历史上第一个系统提出海洋战略的政治家，也是重视海洋的革命先行者。他建立的临时政府当时只设9个部，其中一个就是海军部。他指出，自世界大势变迁，国力之盛衰强弱，常在海而不在陆，其海上权力优胜者，其国力常占优胜。孙中山将海军建设看得尤为重要，他提出，兴船政以扩海军，使民国海军与列强并驾齐驱，在世界成为一等强国，今中国欲富强，非厉行扩张军备不可。[1]此外，他认为要全面开发海洋，并在《实业计划》中提出，中国应积极对外开放，向海洋求生存、求发展，建设中国海洋实业。可以说，孙中山的这种思想顺应了当时的历史潮流，虽然其远大抱负没有实现，但他的看法、见解和行动为中国海洋事业的发展奠定了基础。总

1.张世平：《中国海权》，北京：人民日报出版社2009年版，第234—235页。

结孙中山关于海洋的观点，主要表现在以下几方面：一是充分认识到海洋的战略地位，兴海权是中国走向强盛的必由之路；二是充分认识到海军在国防建设中的必要性，要建设一支强大的中国海军；三是充分认识到开发利用海洋的重大意义，提出发展海洋经济的战略构想。[1]

新中国成立后，党的历代领导人都高度重视海洋，向海图强，中国海洋事业实现了新跨越。

（二）陆海统筹的内涵

1.陆海统筹的特征

从空间范围来看，陆海统筹具体包括海洋和陆地这两个相互作用、相互依存的国土空间。从统筹内容来看，陆海统筹是对陆海经济一体化、陆海生态环境保护、陆海资源的开发利用与保护、陆海灾害防范、陆海科技创新、海岸带综合管理等众多领域的全方位统筹，协调发挥陆海两个系统的经济、社会、生态环境功能。从统筹手段来看，陆海统筹管理需要综合运用经济、行政、法律等手段进行宏观调控，实现陆海综合效益的最大化。

2.陆海统筹的战略内涵

陆海统筹是指从陆海兼备的国情出发，在进一步优化提升陆域国土开发的基础上，以提升海洋在国家发展全局中的战略地位为前提，以充分发挥海洋在资源环境保障、经济发展和国

1.李双建主编：《主要沿海国家的海洋战略研究》，北京：海洋出版社2014年版，第252页。

家安全维护中的作用为着力点，通过海陆资源开发、产业布局、交通通道建设、生态环境保护等领域的统筹协调，促进海陆两大系统的优势互补、良性互动和协调发展，增强国家对海洋的管控与利用能力，建设海洋强国，构建大陆文明与海洋文明相容并济的可持续发展格局。[1]由此可见，陆海统筹是基于全国一盘棋视角统一筹划陆地和海洋国土，是科学发展观在优化国土开发格局中的具体体现，统筹调控海陆资源的供给总量、时序和结构，发挥自然资源管理部门在宏观调控中的调节作用，应将统筹土地政策和海域政策、统筹海水淡化和水资源供给、统筹推进海洋经济高质量发展、统筹陆海生态保护与管理、统筹陆域与海洋能源勘探开发、统筹海岸带管理和沿海灾害防范作为强化陆海统筹的着力点。

3.陆海统筹内涵的三个层面

（1）从区域层面来看。在社会经济发展过程中，分别分析海域、陆域资源环境生态系统的承载力以及社会经济系统的活力和潜力，综合考虑沿海地区陆海资源环境特点，统筹海陆的经济、生态和社会功能，利用海陆间的物质流、信息流等联系，以海陆协调为基础进行区域发展管理并执行工作，充分发挥海陆互动效应，实现沿海区域健康发展。[2]

（2）从国家层面来看。要统一筹划海洋陆地国土管控，协调陆海关系并保障陆地和海洋国土的平等发展地位，建立陆地

1.曹忠祥、高国力：《我国陆海统筹发展的战略内涵、思路与对策》，《中国软科学》2015年第2期。

2.马仁锋、辛欣、姜文达、李加林：《陆海统筹管理：核心概念、基本理论与国际实践》，《上海国土资源》2020年第3期。

与海洋文明相互包容、相互作用的可持续发展模式。

（3）从国际层面来看。无论是国际地缘环境还是一国领土构成，中国都具有海陆兼备特性。[1]因此，维护国家海洋安全和权益，反对海洋贸易保护、霸权主义是陆海统筹的重要内容。

（三）陆海统筹的必要性

近年来，我国逐步强化陆海统筹的战略地位，陆海统筹成为建设中国特色海洋强国的核心要义，是新时代我国加快建设海洋强国的基本原则和重要内容。

首先，坚持实施陆海统筹是顺应自然规律的必然要求。陆海生态系统之间存在着密切、复杂的物质能量交换，这种物质能量交换过程在海岸带地区表现得最为典型和强烈，并相应形成了兼有陆地、海洋特点的陆海复合生态系统。[2]实施陆海统筹就是充分考虑到了陆海生态一体性的特征，两者相辅相成、不可分割的地理特性，从而将陆地和海洋进行综合谋划、整体部署，推进陆地和海洋在空间布局、经济建设、资源开发利用、生态环境保护等各个领域中实现协同发展。

其次，坚持实施陆海统筹是突破海洋经济发展瓶颈的有效手段。丰富的陆域资源一直是陆域经济发展的重要支撑，但近年来，随着全球资源的短缺、人口膨胀、生态破坏等问题的不断凸现，陆域经济的进一步发展受到资源的严重制约，发展瓶颈亟须突破，而海洋经济的发展需要良好的外部条件，单纯地

1.王芳：《对实施陆海统筹的认识和思考》，《中国发展》2012年第3期。
2.杨荫凯：《推进陆海统筹的重点领域与对策建议》，《海洋经济》2014第1期。

进行海洋经济的发展后劲不足。[1]因此，突破陆海经济发展瓶颈的关键点应该着眼于陆地和海洋的资源互补性、产业互动性上，坚持陆海统筹，充分释放陆海产业的各自优势，形成互补，从而真正实现陆海经济的可持续发展。

最后，坚持实施陆海统筹是实现生态文明的时代召唤。目前，陆源污染物已经成为近海海域污染的主要原因。据相关统计，近岸海域80%以上的主要污染物来自陆源排放，全球每年向海里倾倒的垃圾达200亿吨以上，垃圾中有玻璃制品、塑料制品、放射性废料、化学毒品、重金属等。与此同时，我国沿海地区是经济高度发达、人口高度密集、海洋开发活动强度大的区域，沿海区域生态环境承载着较高的环境压力。因此，唯有坚持实施陆海统筹，建立陆海联动、统筹规划的理念，实施陆地海洋"一盘棋"的生态环境保护措施，才能有效改善陆海两个系统的生态环境质量，从而推进生态文明建设。

（四）陆海统筹的实施途径

陆海统筹的实施可以基于决策、调控、管理和项目四个层面。

在决策层面上，充分认识海洋是国家高质量发展战略要地和生态文明建设的重要领域，是支撑中国开放型经济发展和资源供给的接续空间，在维护国家主权、安全、发展利益和参与国际合作与竞争中具有重要的战略地位。要破除重陆轻海的传

1.韩增林、狄乾斌、周乐萍:《陆海统筹的内涵与目标解析》,《海洋经济》2012第1期。

统观念，从全球视野和战略高度把握海洋与国家经济社会发展的关系，并纳入中国特色社会主义事业发展全局通盘考虑。

在调控层面上，充分认识单纯依靠市场手段难以实现陆海统筹，要将陆海统筹的基本原则落实到国家宏观调控体系中，统一筹划我国陆域与海域的资源利用、生态环境保护、产业发展和城乡规划建设，综合运用法律、行政和经济等综合调控手段对在陆地与海洋的各类活动主体实施政策调节，并发布各类公共服务信息，引导社会预期。

在管理层面上，充分认识陆海统筹不仅限于沿海地区和海洋的统筹，要坚持从山顶到海洋的治理理念，遵循陆海相互作用的自然规律，综合考虑陆海资源环境承载能力，将陆海统筹贯穿于整个陆域与海洋的土地、水、能源等各类资源供给的量化调控和用途管制中。要认识到陆海统筹是统一筹划和处理我国陆地与海洋各种关系的谱系化集合，涉及多层级、多要素、多领域，实施陆海统筹的关键是要形成合力。

在项目层面上，海岸或者海洋工程在建设和运营过程中，应综合考虑近岸海域和陆域的资源环境特点及利用现状，正确处理工程项目与一定范围陆海生态环境的关系，通过调整海洋工程项目用海论证、环境影响评价等方面的陆海统筹政策要求，减轻海洋工程对陆海景观的影响与功能冲突。

总之，我们要树立陆海统筹的全新国土观，按照习近平总书记的指示，畅通陆海连接，增强海上实力，高质量发展海洋经济，走依海富国、以海强国、人海和谐、合作共赢的发展道路。

第 2 章

海兴则国兴

——中外海洋兴衰史

历史经验告诉我们，面向海洋则兴、放弃海洋则衰，国强则海权强、国弱则海权弱。

——习近平总书记在十八届中共中央政治局第八次集体学习时强调（2013年7月30日）

中外海洋的兴衰史，是一本生动而又现实的教科书。历史告诉我们，向海而兴、背海而衰是世界强国发展历史上的必由之路。在西方崛起的过程中，对海洋的重视发挥着十分重要的作用。“谁控制了海洋，谁就控制了世界”的论断一直被西方世界奉为圭臬。西方国家凭借着对海洋的探索、谋划、争夺，抓住了历史机遇，走上了富国强兵的道路。反观彼时的中国，尽管拥有陆海兼备的地理优势，但“重陆轻海”思想阻碍了我国与近代世界权势变革的历史机遇相接轨的机会。中国历史上曾有过郑和七下西洋的人类航海史壮举，也遭受过西方列强从海上入侵带来的屈辱和苦难。直到新中国成立后，我们才对海洋有了正确的认识。自新中国成立伊始，一代又一代的海洋工作者艰苦奋斗、奋力创新，我国海洋事业发展创造了一个又一个伟大奇迹。特别是党的十八大将建设海洋强国确定为国家发展战略目标以来，海洋在国民经济和社会发展中的地位大幅提升，迎来了前所未有的发展机遇。

一、世界海洋强国的历史更迭

随着陆地资源的日益短缺和环境困境的日益凸显，海洋对人类生存和发展的作用进一步增大。“海洋强国”是指海洋经济综合实力发达、海洋科技综合水平先进、海洋产业国际竞争力突出、海洋资源环境可持续发展能力强大、海洋事务综合调控管理规范、海洋生态环境健康、沿海地区社会经济文化发达、海洋军事实力和海洋外交事务处理能力强大的临海国家。海洋作为一种战略性资源，是决定一个国家能否成为世界强国的重要保证。在历史长河中，出现过许多大国和强国，仔细研究会发现，走向海洋是这些国家相同的国家战略。

纵观人类社会历史的发展长河，自15世纪、16世纪人类社会步入近代以来，先后出现的世界强国无一例外均是强大的海洋国家。大航海时代的到来、资本主义的萌芽、科学技术的进步等诸多因素，促使各国对于海洋的争夺开始比对陆地的争夺更加激烈也更为重视，世界的霸权从陆地转向海洋。彼时，欧洲各国开始利用海洋实施对外扩张，主要手段是通过海洋贸易和殖民掠夺，他们依托海洋实现资本原始积累，并争夺世界霸权。在世界近现代史五百多年的时间里，世界海洋的控制权最初由崇尚财富和最先进行地理大发现的葡萄牙和西班牙掌握，随后转移到了海洋贸易发达的荷兰以及随后胜出的英国手中，而免遭两次世界大战蹂躏的美国又从英国手中“和平”地接过了海洋霸权，成为世界头号强国。纵观历史，这场围绕海权的争夺游戏仍然没有结束，历史上是这样，未来也必将如此。

“强于世界者必胜于海洋，衰于世界者必先败于海洋。”世界海洋强国的发展史，实质上都是海洋的掠夺史和海上争霸的争夺史。中华民族要复兴，成为世界强国，必须走向海洋。今天的我们应该以史为鉴，借鉴世界海洋强国兴衰的经验与教训，充分认识到海洋的战略地位和实施海洋发展战略的重要性与紧迫性，提高对海洋发展的认识，不断提升我们的海洋意识，为中国海洋事业发展和建设海洋强国作出自己的贡献。

二、我国历史上错失两次海洋发展的机遇

海洋是人类社会生存和可持续发展的重要物质基础，走向

海洋是世界大国崛起的必然选择和发展途径。中华民族是最早利用海洋的民族之一。千百年来，我们的先民深耕大海、扬帆远航，创造了延绵不息的中华海洋文明，是中华文明的重要组成部分。早在春秋时期，我们的祖先就萌生出原始的海权意识，当时齐国被称为“海王之国”，齐国的管仲提出“唯官山海为可耳”的治国主张，说的是由国家统一组织开发陆地和海洋资源，国家就能富强。我们的先人们早就开辟了沟通东西方的古代海上丝绸之路，在长达上千年的时间里，通过海上贸易和文化交流，我国同世界各国互通有无，把灿烂的中华文化传播到世界各地。15世纪上半叶，郑和七下西洋，开创了人类航海史上的伟大壮举；妈祖海洋文化在千年航海通商史中不断传承升华，成为连接海内外炎黄子孙的精神纽带……遗憾的是，历史上我国农耕文明繁荣，却掩盖不了国家和民众海洋意识的薄弱，长期以来，只是从“兴渔盐之利、仗舟楫之便”的视角来看待海洋，重陆轻海，缺乏从战略高度认识海洋，致使中华民族错失了海洋意识觉醒、海洋大发展的机遇。[1]

（一）错失走向海洋的觉醒

15世纪大航海时代，多个欧洲国家向海发展，通过拓展海洋空间、利用海洋资源先后崛起，成为世界强国。而在西方人进行这种彻底改变世界格局的壮举之前的半个多世纪，我国明朝的永乐皇帝（明成祖朱棣）就已经派郑和率领中国船队开始

1. 王宏：《增强全民海洋意识　提升海洋强国软实力》，《人民日报》，2017年6月8日，第15版。

了声势浩大的航海活动。1405年，明成祖朱棣任命的钦差正使总兵太监郑和率领一支装备精良、规模浩大的舰队驶向了西太平洋和印度洋。此后的28年间，郑和先后七次下西洋，他的船队遍访了从东南亚、马来群岛、孟加拉湾、波斯湾、阿拉伯海，一直到非洲东海岸莫桑比克的30多个国家和地区，开辟了从南中国海经马六甲海峡到印度洋的航路。

据史料记载，郑和每次下西洋的舰船都多达二三百艘，人数超过27000人。以第一次为例，1405年7月，郑和统率240余艘船舶、27400余名水手和官兵出海。其中最大的一艘“宝船”长44丈、宽18丈，船高四层，9桅12帆，排水量达1300多吨。《明史·兵志》记载：“宝船高大如楼，底尖上阔，可容千人。”除“宝船”之外，还有规模稍小的“马船”“粮船”“坐船”“战船”等，分别用于载货、运粮、居住、作战等多种用途。船上配备有航海罗盘、计程仪、测深仪等多种航海仪器，沿途绘制了精确的航海图，记载所经之地的地形地貌和风土人情。与之形成鲜明对比的是，1492年哥伦布率领3艘船、87名水手横穿大西洋到达中美洲，1498年达·伽马率领4艘船、140余名水手绕过非洲好望角到达印度，甚至连麦哲伦在1519年进行环球航行时，所率领的船队也不过是由5艘船、240余名水手组成（3年后，只剩下1艘船和18名水手完成了环球航行回到西班牙，麦哲伦本人和其他水手均死于航行途中）。[1]可见，郑和船队的规模是半个多世纪之后进行航海活动的西方探险者所不能比的。

---

1. 赵林：《大航海时代的中西文明分野》，《天津社会科学》2013年第3期。

但是受传统“夏夷之防”和“务本抑末”观念的影响，实力雄厚的中国船队拱手放弃了广阔的海洋世界，关闭国门与世隔绝。郑和死于宝船队第七次远航途中，此后明朝政府明令停止了这种徒劳无功的航海活动。1436年，明英宗下旨禁止建造远洋舰船，不久又颁旨禁造双桅以上船只。这一时期明朝各级官府严格执行朝廷“寸板不许下海”的禁令。大规模海禁锁国政策延续至近代，唐宋时期一度兴盛的海上贸易一去不复还，我国与海洋强国失之交臂。

（二）错失海权意识的觉醒

早在2500多年前，古希腊海洋学者地米斯托克利就预言：“谁控制了海洋，谁就控制了一切。”古罗马的西塞罗在总结古希腊、迦太基和古罗马争夺地中海通商要道的斗争经验后，也提出了“谁控制海洋，谁就能控制世界”的理论。在18世纪第一次工业革命背景下，阿尔弗雷德·马汉的“海权论”掀起了现代海军建设思潮。他主张贸易立国的国家必须掌握制海权，提出必须具备一支强大的海上力量，这支海上力量是一个统一的体系，包括商船队、海运、海军和基地体系。[1]他认为，美国应该放弃孤立主义政策，以适应由国内发展所产生的海外商业和军事扩张的需要。马汉有关吞并夏威夷、修建巴拿马运河、占领菲律宾等设想成为美国实现全球海洋战略的持久理论基础。如前所述，19世纪末20世纪初，美国开始积极地从大陆扩张

1.韩叶：《试论马汉的海权论对国家权力的重要性》，《黑龙江教育学院学报》2005年第3期。

主义转向海洋扩张主义，取得了重大突破，奠定了现代美国在全球的海上霸主地位。1893年美国控制了夏威夷；1898年美西战争爆发，美国战胜西班牙，取得了对加勒比海和西太平洋的控制权；1914年巴拿马运河正式开通，美国获得其主权。至此，美国完全掌控北美海岸东西两大洋的通道。[1]

英国海军史学家朱利安·科贝特、英国地缘政治学家哈尔福德·J.麦金德、荷兰裔美籍国际政治学家尼古拉斯·J.斯皮克曼、苏联海军司令戈尔什科夫元帅等人的海权理论，也在某种程度上反映出从19世纪中期至20世纪中期人们对海权问题的基本认识。那时，西方国家纷纷通过发展海上力量、控制海洋运输和贸易通道，走上了现代化发展道路。

正是在这一时期，两次鸦片战争、中法战争、甲午海战以及八国联军侵华战争等来自海上、进而导致中国国运改变的侵略战争，使我国逐渐处于有海无疆、有海无防、有海无军、有海无权的落后状态，桎梏于近百年遭受西方列强海上入侵和蹂躏的屈辱历史。[2] 1840—1940年的百年中，日、英、法、美、俄、德等国从海上入侵中国达400多次，其中规模较大的有84次，动用舰艇1860多艘次。北洋水师的折戟沉沙成为中国海洋史上一曲悲壮的挽歌。切肤之痛令近代中国有识之士深刻认识到“兴邦张海权”的道理。历史经验也再次告诉我们，走向海洋是世界大国崛起的必然选择和发展途径。

1.李双建主编：《主要沿海国家的海洋战略研究》，北京：海洋出版社2014年版，第7页。

2.王宏：《增强全民海洋意识 提升海洋强国软实力》，《人民日报》，2017年6月8日，第15版。

三、新中国海洋发展奋进史

历史充分证明，背海则弱、向海则兴，封海而衰、开海而盛。海洋关乎国家兴衰安危。自新中国成立后，我国积极主动地发展海洋事业。新中国海洋发展史，是一部从无到有、从小到大、从弱到强的奋进史，取得了跨越式的巨大成就。

（一）在困境中前行

早期的中国海洋事业因各种因素的制约，一直在困境中摸索前进。设备简陋、条件艰苦，是对中国早期海洋事业发展的最直接概括。尽管面临如此困境，但海洋工作者发挥了艰苦奋斗、开拓创新的伟大精神，新中国的早期海洋事业取得了一系列丰硕成果。

1958年9月，中国第一次大规模海洋普查全面展开。由国家科委海洋组组织海军、中科院、水产部、交通部、国家气象局、山东大学等组成全国海洋普查领导小组，先后有600多名调查队员参加了调查活动。这次普查的范围包括我国渤海、黄海、东海、南海4个近海区域，各区分别布设了83条调查断面、570个大面积巡航调查观测站和327个连续观测站进行调查。这次调查在我国海洋科技发展史上占有重要地位，为此后一系列的海洋调查奠定了基础。

1969年，为保障“两弹一星”海上试验的顺利进行，国家海洋局承担了“东风5号”运载火箭全程飞行试验海域的定点工程调查及航线的水文气象保障任务。自1976年起，又连续派出以“向阳红05”测量船为主的“向阳红”远洋考察编队，在几年时间里，先后进行了4次远洋航行的靶场调查。

随后，我国组织“向阳红05”和“向阳红10”科考船完成了向太平洋发射运载火箭的全程飞行试验任务的海上指挥保障和落区水文气象保障任务。5次航行的总航程达70148海里，500多名海洋专业工作者累计在航时间达300多天，为我国国防重器——“东风-5”号洲际导弹试验作出了突出贡献，同时也为中国的大洋科学考察事业进入世界大国行列积累了技术和经验。

1970年12月16日，中国第一艘核潜艇举行了隆重的下水仪式。1974年8月，中央军委发布命令，将中国制造的第一艘核潜艇命名为“长征一号”，正式编入海军战斗序列。

（二）在改革的春天中勃发

1978年，改革开放自沿海而潮起，因海洋而生动。党的十一届三中全会作出了以经济建设为中心的重大决策，中国的海洋事业迎来了蓬勃发展的机会。在这一时期，我国海洋事业发展纳入国家发展战略，海洋立法初具雏形，海洋经济快速增长，海洋管理日趋成熟，我国在国际海洋事务中崭露头角。

1.海洋领域的立法日趋完善

海洋事业的发展需要总体规划和法制保障。1982年颁布的《中华人民共和国海洋环境保护法》标志着我国海洋保护步入法制化轨道。20世纪90年代，我国相继出台了《中华人民共和国领海与毗连区法》《中华人民共和国专属经济区和大陆架法》，两部宪法性法律确立了我国海洋区域制度和权益维护的基本框架，而颁布的《90年代我国海洋政策和工作纲要》《中国海洋21世纪议程》则明确提出了我国在海洋事业发展中遵循的原则。

2.开展海洋资源调查，推动海洋经济发展

20世纪80年代初期，随着中国沿海经济发展战略的实施，人们对海洋的认识也发生了重大变化，海洋的开发利用加速上了轨道。

1980年至1986年的六年间，我国海洋工作者踏遍了从东北鸭绿江口到广西北仑河口长达1.8万千米的大陆岸线，对向陆地延伸10千米、向海至15米等深线浅海区域的自然环境、资源和社会经济状况进行了全面而系统的调查研究，基本摸清了中国海岸带和海涂资源的具体状况，对海岸带开发利用有了突破性的认识，为促进海岸带科学研究、加强海岸带管理、推动地方海岸带的立法和自然保护区的建立提供了重要资

* 工人在南海勘探三号钻井平台上作业（新华社，记者蒲晓旭摄）

料。这次规模空前、多学科的海洋综合调查，在国际上产生了很大影响。

随后的几年中，我国又组织了全国海岛综合调查与开发实验等多次专项调查。一系列海洋调查的成果，激发和带动了沿海地区开发海洋资源、利用区位优势发展海洋经济的热潮。渔业、海洋运输、海洋盐业等传统产业生机焕发，海洋油气开发、滨海旅游、海水淡化和海水综合利用等新兴产业崛起，有力助推了海洋经济的建设。

3.走进深海大洋，开展国际合作

1984年，我国组织了南极和南极洲考察，翻开了中国科学发展史新的一页，开创了中华民族“为人类和平利用南极作出贡献”的壮举。1985年，第一个南极考察站——长城站建成，标志着中国人在地球最南端的冰雪世界有了立足点。1989年，第二个南极考察站——中山站落成，对南极气象、大气物理、地质冰川、地震、地磁、电离层等进行了观测研究，获得了一大批重要成果。

1979年，中国“向阳红09”“实践”号考察船圆满完成了联合国世界气象组织全球大气试验第一特殊观察期任务。1986—1992年，中国与日本联合开展黑潮调查。1986年7月，我国派出“向阳红05”“向阳红14”科考船，参加了历时4年的中美热带西太平洋海气相互作用联合调查。在此期间，我国还参与了一些国际组织旨在研究全球气候变化和海洋环境以及区域性海洋环境的合作计划，其中，“向阳红05”考察船在澳大利亚的卡奔塔利亚湾成功实施了世界首次台风全过程的过境观测实验。

（三）在21世纪的浪潮中跨越

21世纪被人们称为“海洋的世纪”，我国海洋事业取得了跨越式的发展。

我国加强了海洋事业发展的顶层设计，先后出台多部法律法规和多项中长期海洋规划。2003年，国务院印发《全国海洋经济发展规划纲要》，这是我国制定的第一个指导全国海洋经济发展的纲领性文件。2008年，国务院印发《国家海洋事业发展规划纲要》，这是我国首次发布海洋领域总体规划，对促进海洋事业全面、协调、可持续发展具有重要指导意义。

2010年，我国确定了山东、浙江、广东、福建和天津5个全国海洋经济发展试点地区，在优化海洋经济结构、加强海洋生态文明建设、创新综合管理体制机制等方面先行先试，探索海洋经济的科学发展道路。与此同时，我国一些海洋产业在国际中的地位日渐提升，海产品产量、沿海主要港口集装箱吞吐量等多年位居世界第一，海洋船舶、海洋石油、滨海旅游等产业的总体实力明显增强，休闲渔业、海洋文化、涉海金融等一批新型服务业成为中国海洋经济发展的新亮点，沿海地区产业集聚水平显著提高，产业空间布局逐渐趋于优化。

我国加强了海域使用综合管理，实施《中华人民共和国海域使用管理法》，确立了“海域国有，依法用海，有偿使用”理念。加强海岛保护与管理水平，大力推进海洋生态文明建设，为建设“美丽海洋”奠定基础。这一时期我国还加强了维护海洋权益的力度，在海上维权执法工作以及海洋维权斗争中成效显著。我国实施科技兴海与创新驱动，海洋科技投入大幅增长，海洋科技整体实力显著增强。

同时，我国积极开展海洋国际合作，海洋工作者积极参与国际事务，认真履行国际义务，树立和维护了中国负责任大国的国际形象。此外，我国还积极开展极地科学考察与研究，为人类共同的未来作出贡献。“为人类和平利用南极作出贡献”，是中国开展极地科学考察的基本国策和长远方针。经过不懈努力，中国成为为数不多的实施两极考察的国家之一。

2005年1月，中国南极考察队成功实现了人类首次从陆上到达南极内陆冰盖最高点——冰穹A的科学壮举，开展了地形测绘、冰芯钻探、自动气象观测系统安装等工作，填补了国际南极内陆冰盖考察的空白，极大地提升了中国南极科研的显示度和贡献率，有效拓展了中国在南极地区的权益空间。

2007年，中国作为发起国之一，首次参加了被誉为国际南北极科学考察“奥林匹克”盛会的国际极地年活动，圆满完成了“普里兹湾—埃默里冰架—冰穹A科学计划”（PANDA）、北极综合考察等行动计划，大踏步迈向极地考察强国的行列。

南极大陆98%的面积被平均厚度达2450米的冰体覆盖，好像头上戴了一顶大帽子，人们形象地称其为“冰盖”。冰穹A是南极内陆冰盖距海岸线最遥远的一个冰穹，也是南极内陆冰盖海拔最高的地区，气候条件极其恶劣，我国第三个南极考察站——昆仑站就建在这里。

2012年6月“蛟龙”号海试下潜深度达7062米，实现了我国载人深潜技术的重大跨越，且从2013年起投入试验性应用并取得辉煌成绩。“海龙”号无人缆控潜水器、“潜龙一号”无人无缆潜水器等一大批高新深海技术装备也相继完成研制并投入使用。

新中国海洋发展的奋进史是与我国整体的发展紧密相连的，我国海洋事业从当初艰难起步到如今取得一系列辉煌成就，背后是一代又一代海洋工作者的共同努力与艰苦奋斗。继往开来，在中国特色社会主义新时代，青年朋友们要牢记海洋强国意识，携手为海洋事业发展增添光彩。

四、党的十八大以来海洋强国建设取得的历史性成就

党的十八大作出建设海洋强国的战略部署，吹响了“集结号”，党的十九大又进一步提出“坚持陆海统筹，加快建设海洋强国”，吹响了“冲锋号”，“以海兴国”成为我国海洋事业发展的一项重大而艰巨的任务。党的十八大以来，在习近平新时代中国特色社会主义思想的指导下，我国海洋资源开发利用水平稳步提升，海洋经济持续健康发展，海洋生态保护成效显著，海洋科技创新和公共服务能力不断增强，国家海洋治理能力大幅提升，以负责任大国形象参与全球海洋治理，海洋强国建设取得重要进展。

（一）顶层设计体系不断完善

习近平总书记关于海洋强国建设的重要论述，已成为习近平新时代中国特色社会主义思想的重要组成部分。坚持走依海富国、以海强国、人海和谐、合作共赢的发展道路，把我国建设成为海洋经济发达、科技先进、生态健康、安全稳定、管控有力的新型海洋强国等重要思想，成为建设海洋强国的根本遵循。

党的十八大以来，建设海洋强国的顶层设计体系不断完善，

为海洋事业发展指明了方向和路线。从国民经济和社会发展“十二五”规划开始，首次以“专章”形式阐述海洋发展，之后延续至今。《中华人民共和国国民经济和社会发展第十三个五年规划纲要》在第九篇第四十一章“拓展蓝色经济空间”、《中华人民共和国国民经济和社会发展第十四个五年规划和2035年远景目标纲要》在第九篇第三十三章“积极拓展海洋经济发展空间”对国家海洋事业发展作出了系统部署。作为《全国主体功能区规划》的重要组成部分，2015年8月1日印发的《全国海洋主体功能区规划》实现了海洋国土空间战略格局全覆盖，是科学开发和调整优化海洋国土空间的行动纲领。与此同时，以海洋经济发展、海洋生态保护、海洋科技创新、海洋防灾减灾、海岛保护、海洋文化等为主题的国家和地方专项规划相继出台，形成了较为完整的“发展＋空间＋区域＋专项”的涉海规划体系。《中华人民共和国深海海底区域资源勘探开发法》于2016年2月26日在第十二届全国人大常务委员会第十九次会议上获得通过，进一步彰显了我国负责任大国形象。《中华人民共和国海洋环境保护法》历经3次修订，将海洋生态保护红线、生态保护补偿等一系列重大制度落实到法条中。《中华人民共和国海警法》于2021年2月1日正式施行，有效规范和促进了海上维权执法工作，推动形成了科学立法、强化执法、严格督察的法治海洋新局面。

（二）海洋经济持续健康发展

海洋经济是开发、利用和保护海洋的各类产业活动，以及与之相关联活动的总和。2012年以来，我国海洋经济保持较快增长。但2020年受新冠肺炎疫情影响，全国海洋生产总值80010亿元，比上年下降5.3个百分点，占沿海地区生产总值的比重为14.9%，比上年下降1.3个百分点。[1]我国海洋经济结构不断优化，产业体系日趋完善，航运物流、滨海旅游、涉海金融等服务业稳步增长；海洋产业转型升级步伐加快，智能船舶研发、绿色环保船舶建造取得新突破；以海洋药物及生物制品、海水利用为代表的海洋新兴产业快速发展。

随着国家重大区域涉海发展战略的实施，北部、东部、南部海洋经济区创新要素聚集，主导产业发展迅速，海洋经济规模效应显现，深圳、上海启动全球海洋中心城市建设。为贯彻落实党中央、国务院关于“创新驱动发展”“建设海洋强国”“拓展蓝色经济发展空间”等战略部署，2016年和2017年，国家海洋局和财政部先后确定天津（滨海新区）、南通、舟山、福州、厦门、青岛、烟台、湛江为首批海洋经济创新发展示范城市，确定秦皇岛、上海（浦东新区）、宁波、威海、深圳、北海、海口为第二批海洋经济创新发展示范城市。近年来，我国与“21世纪海上丝绸之路”沿线国家海运贸易和涉海产品进出口总额逐年递增，海洋经济“走出去”步伐持续加快。

（三）海洋生态保护取得积极进展

自然是生命之母，是人类赖以生存和发展的根基。保护生态环境就是保护自然价值和增值自然资本，就是保护经济社会

1.参见自然资源部海洋战略规划与经济司2021年3月发布的《2020年中国海洋经济统计公报》。

发展的潜力和后劲。[1]党的十八大以来，全国近岸海域环境质量总体改善，2020年近岸海域优良（一、二类）水质面积比例为77.4%[2]。

海洋生态保护力度持续加大，划定了海洋生态保护红线，将绝大部分红树林、珊瑚礁、海草床、生物多样性敏感区、重点物种栖息地纳入红线，强化底线约束，保障生态安全。“十三五”期间，我国通过实施“蓝色海湾”整治行动、渤海攻坚战、海岸带保护修复工程、红树林保护修复专项行动计划等，共整治修复海岸线1200公顷，滨海湿地2.3万公顷，红树林、盐沼等生态系统退化趋势得到遏制，区域海洋生态环境明显改善。目前，我国各级各类海洋自然保护地总面积达791万公顷，初步形成了类型齐全、布局合理、功能健全的保护地网络。其中，截至2020年底，我国共建有国家级海洋自然保护区14处，总面积约39.4万公顷；国家级海洋公园67处，总面积约73.7万公顷。[3]珍稀海洋生物种群正在逐步恢复，如一级保护动物斑海豹，数量已从1200头恢复到2000头，一级保护动物黑脸琵鹭，在中国大陆的数量增加了200余只，增幅超过30%。黄（渤）海候鸟栖息地成功入选世界遗产，填补了我国滨海湿地类型世界遗产的空白，在跨国迁徙鸟类保

1.中共中央宣传部：《习近平新时代中国特色社会主义思想学习问答》，北京：学习出版社、人民出版社2021年2月版，第356页。

2.参见中华人民共和国生态环境部2021年5月发布的《2020年中国海洋生态环境状况公报》。

3.参见中华人民共和国生态环境部2021年5月发布的《2020年中国海洋生态环境状况公报》。

护方面发挥了重要作用。[1]

（四）海洋科技创新和公共服务能力不断增强

科技创新是推动中华民族前进的引擎。建设海洋强国，离不开科技的支撑和保障。近年来，我国对海洋科技的投入逐步加大，硬件建设水平与发达国家的差距不断缩小，这为我国海洋科技创新从“跟跑者”向“并跑者”“领跑者”转变提供了有力保障。由海洋试点国家实验室与新华（青岛）国际海洋资讯中心联合编制的《全球海洋科技创新指数报告（2020）》显示，我国海洋科技创新综合排名稳步提升，由2016年的第5位上升至第4位，跻身第二梯队。

党的十八大以来，深水、绿色、安全等海洋高技术领域自主创新不断取得新突破，我国海洋科学技术在多个领域取得瞩目成就。我国海洋调查实践由近海向深远海拓展，通过军民融合、对外合作的方式，全面实施了“全球变化与海气相互作用”专项，填补了我国在深远海领域调查研究的空白，完成了我国首次环球海洋综合调查和北极中央航道、西北航道科学考察。

海洋资源开发技术研发和装备制造能力不断增强，一批“大国重器”布局海洋，我国首艘自主建造的极地科考破冰船“雪龙2”号成功交付，与“雪龙”号展开“双龙探极”。我国自主研发的全球作业水深、钻井深度最深的半潜式平台“蓝鲸2”号在南海承担可燃冰二期试采任务。亚洲最大的重型自航

1.《国家海洋局：加快推动海洋绿色低碳发展》，《科技日报》，2021年7月27日，第1版。

绞吸船“天鲲号”智能挖泥控制系统正式投产，实现了中国疏浚技术的重大突破。“海洋一号C”卫星和“海洋二号B”卫星实现在轨交付使用和业务化运行，拥有全球海面风场和海浪谱高精度同步观测能力的中法海洋卫星正式在轨交付，“海洋一号D”卫星和“海洋二号C”卫星完成研制，开启了我国自然资源卫星陆海统筹发展的新局面。

科技进步使得我们对海洋“看得清、查得明、报得准”，从而有效提升了海洋公共服务能力。以岸基、海基、空基、天基、船基构成的立体观测网具有高密度、多要素、全天候、全自动的海洋立体观（监）测能力，高分辨率全球海洋数值预报系统正式运行，风暴潮、海浪、海啸、海冰等海洋灾害的预报精度和短时临近预警报能力大幅提升，面向对象的精细化预报为港珠澳大桥建设和亚丁湾护航等提供了有力保障。

第 3 章

向海图强

——抓住重要战略机遇期

党的十八大作出了建设海洋强国的重大部署。实施这一重大部署，对推动经济持续健康发展，对维护国家主权、安全、发展利益，对实现全面建成小康社会目标、进而实现中华民族伟大复兴都具有重大而深远的意义。要进一步关心海洋、认识海洋、经略海洋，推动我国海洋强国建设不断取得新成就。

——习近平总书记在十八届中共中央政治局第八次集体学习时强调（2013年7月30日）

纵观世界形势的深刻变化和国内外各种风险与考验，我国仍处于发展的重要战略期，当前我国的海洋强国建设迎来了有史以来最好的时代，更快、更好地建设海洋强国，国家有基础、行动有指导、人民有要求、环境有保障。

一、理论指导高屋建瓴

（一）习近平新时代中国特色社会主义思想是加快海洋强国建设的根本指针和理论指引

党的十八大以来，以习近平同志为主要代表的中国共产党人，顺应时代发展，紧紧围绕中国特色社会主义主题，提出了许多重大论断、重要思想，理论和实践相结合，系统地回答了新时代坚持和发展什么样的中国特色社会主义、怎样坚持和发展中国特色社会主义这个重大时代课题，大大深化了对中国特色社会主义发展的规律性认识，创立了习近平新时代中国特色社会主义思想。习近平新时代中国特色社会主义思想，是一个系统全面、逻辑严密、内涵丰富、内在统一的科学理论体系。坚持和发展中国特色社会主义，是改革开放以来我们党全部理论和实践的鲜明主题，也是习近平新时代中国特色社会主义思想的核心要义，体现在全面建成小康社会和全面建设社会主义现代化国家的全部实践之中。中国特色社会主义最本质的特征和最大的优势都是中国共产党的领导。

习近平新时代中国特色社会主义思想是新时代中国共产党的思想旗帜，是国家政治生活和社会生活的根本指针，是引领中国、影响世界的当代中国马克思主义、21世纪马克思主义。

习近平新时代中国特色社会主义思想统揽改革发展稳定、内政外交国防、治党治国治军，贯通马克思主义哲学、政治经济学、科学社会主义，体现了中国特色社会主义道路、理论、制度、文化的内在统一，反映了中国特色社会主义理论逻辑、历史逻辑、实践逻辑的有机统一。党的十九大把习近平新时代中国特色社会主义思想确立为党必须长期坚持的指导思想并写入了党章，第十三届全国人民代表大会第一次会议通过的宪法修正案，把习近平新时代中国特色社会主义思想载入宪法。

（二）习近平总书记有关海洋强国的论述为我国海洋强国建设指明了方向、提供了行动指南

党的十八大以来，习近平总书记统筹国内国际两个大局，高度重视海洋事业发展，就加强国家海洋事务管理、推动我国海洋强国建设，作出一系列重要论述，回应了世界对我国海洋发展的关切，解决了当前我国海洋领域面临的主权、安全和发展等核心重大现实问题，回答了为什么要建设海洋强国、建设什么样的海洋强国、如何建设海洋强国的基本理论问题和基本方法问题，为我国海洋强国建设指明了方向，提供了行动指南。海洋强国建设的总目标、总任务、总体布局、战略布局和发展方向、发展方式、发展动力、战略步骤等基本问题，都有了系统性的理论概括和战略指引。

习近平总书记关于海洋强国的重要论述，承启于中华民族悠久的海洋文化和艰苦卓绝的海洋开发实践，根源于习近平总书记长期在沿海地方和中央的海洋工作经验，内涵丰富、兼容并包、与时俱进，是实现中华民族海洋强国梦的行动遵循，体

现了中国特色社会主义现代海洋观，体现了我国海洋强国建设的最本质特征，是习近平新时代中国特色社会主义思想的重要组成部分。具体内容包括以下几个方面。

一是海洋具有重要的战略地位。习近平总书记强调，海洋在国家经济发展格局和对外开放中的作用更加重要，在维护国家主权、安全、发展利益中的地位更加突出，在国家生态文明建设中的角色更加显著，在国际政治、经济、军事、科技竞争中的战略地位也明显上升。

二是海陆一体的国土空间思想。党的十九大报告提出了“坚持陆海统筹，加快建设海洋强国”的战略要求。早在2002年3月，习近平同志在福建工作时就提出，使海洋国土观念深植在全体公民和决策者的意识之中。实现从狭隘的陆域国土空间思想转变为海陆一体的国土空间思想。这一观念从根本上改变了海洋在国家领土中的地位，不仅将海洋提升到国家战略高度，更是不再以陆定海，不再将海洋与陆地分而治之，海陆一体的国土意识，将蓝色国土与陆地领土视为平等且不可分割的统一整体。这种国土观念上的革命，历史上所未有，是我国几千年来国土观念未有之变革，是中华民族寻求新的发展路径的重大战略选择。

三是维护海洋共同利益。习近平总书记多次提及国家的核心利益、发展利益、共同利益等，并指出我国拥有广泛的海洋战略利益，海洋事业关系民族生存发展状态，关系国家兴衰安危。习近平总书记指出，决不放弃维护国家正当权益，决不牺牲国家核心利益。在这一前提下，追求并不断扩大共同利益，打造命运共同体。

四是促进海洋和平发展。长期以来，中国的海洋强国建设之路怎么走，得到国际社会的广泛关注。2017年5月14日，国家主席习近平在首届“一带一路”国际合作高峰论坛欢迎宴会上发表祝酒词时指出，将帮助各国打破发展瓶颈，缩小发展差距，共享发展成果，打造甘苦与共、命运相连的发展共同体。我国始终坚持和平合作、开放包容、互学互鉴、互利共赢为核心的丝路精神，推进海洋强国建设的同时，不会形成新的海上霸权，更不会影响地区稳定和世界和平，我们也绝不会走历史上一些大国殖民掠夺的老路。

五是秉持海洋共同安全理念。2013年10月24日，在周边外交工作座谈会上，习近平总书记强调，要坚持互信、互利、平等、协作的新安全观，倡导全面安全、共同安全、合作安全理念，推进同周边国家的安全合作，主动参与区域和次区域安全合作，深化有关合作机制，增进战略互信。2014年5月15日，在上海举行的亚洲相互协作与信任措施会议第四次峰会上，国家主席习近平发表题为《积极树立亚洲安全观 共创安全合作新局面》的主旨讲话时指出，“积极倡导共同、综合、合作、可持续的亚洲安全观，创新安全理念，搭建地区安全和合作新架构，努力走出一条共建、共享、共赢的亚洲安全之路”。[1] 2019年4月23日，国家主席习近平在青岛集体会见应邀出席中国人民解放军海军成立70周年多国海军活动的外方代表团团长时，

1.习近平：《积极树立亚洲安全观 共创安全合作新局面——在亚洲相互协作与信任措施会议第四次峰会上的讲话》（2014年5月21日），《人民日报》，2014年5月22日，第2版。

指出："大家应该相互尊重、平等相待、增进互信，加强海上对话交流，深化海军务实合作，走互利共赢的海上安全之路，携手应对各类海上共同威胁和挑战，合力维护海洋和平安宁。"[1]

六是构建海洋命运共同体。国家主席习近平2019年4月23日在青岛集体会见应邀出席中国人民解放军海军成立70周年多国海军活动的外方代表团团长时，指出："海洋对于人类社会生存和发展具有重要意义。海洋孕育了生命、联通了世界、促进了发展。我们人类居住的这个蓝色星球，不是被海洋分割成了各个孤岛，而是被海洋连结成了命运共同体，各国人民安危与共。海洋的和平安宁关乎世界各国安危和利益，需要共同维护，倍加珍惜。"[2]这是习近平总书记首提"海洋命运共同体"，这是"人类命运共同体"理念的重要内容和组成部分，是中国直面全球海洋治理问题所提出的重要理念，表达了走和平发展道路的立场，又显示了中国愿与各国共同维护海洋和平安宁的担当。

我们要以习近平新时代中国特色社会主义思想为指导，秉持海陆一体、陆海统筹的理念，主权、安全、发展利益相统一的海洋利益观，和平合作的海洋发展观，共建共享共赢的海洋安全观，坚持走依海富国、以海强国、人海和谐、合作共赢的发展道路，处理好近期与长远发展、局部与整体发展、重点与全面发展的关系，要提高海洋资源开发能力，着力推动海洋经济向质量效益型转变，保护海洋生态环境，着力推动海洋开发

---

1. 习近平：《推动构建海洋命运共同体》（2019年4月23日），《习近平谈治国理政》第三卷，北京：外文出版社2020年6月第1版，第463页。
2. 同上。

方式向循环利用型转变，发展海洋科学技术，着力推动海洋科技向创新引领型转变，维护国家海洋权益，着力推动海洋权益向统筹兼顾型转变，不断实现创新突破，把我国建设成为海洋经济发达、海洋科技先进、海洋生态健康、海洋安全稳定、海洋管控有力的新型海洋强国。

二、内在需求日趋强烈

党的十八大以来，我国取得了全面建成小康社会和社会主义现代化建设的历史性成就，在政治、经济、文化、社会、生态和外交等各个领域取得了全方位、开创性、深层次的新发展、新突破、新成就，综合国力显著提升，为开启海洋强国新征程奠定了坚实基础。

（一）建设海洋强国是实现中华民族伟大复兴的内在需求和必然要求

对于我国来说，21世纪是具有特殊意义的时代。2021年第一季度我国GDP同比增长18.3%，增速在世界主要经济体中名列前茅；规模以上工业增加值、社会消费品零售总额、固定资产投资、货物进出口总额均实现同比增长，完成了主要经济指标的“开门红”，在中国共产党成立100周年之际、“十四五”开局之年交出了一份亮眼的成绩单。[1]当前，我国已经

1.《百年中国经济发展奇迹见证大国崛起》,《经济参考报》, 2021年5月10日，第A1版。

全面建成小康社会，第一个百年奋斗目标已经全面完成，取得了举世瞩目的成就，至本世纪中叶，我国将实现“两个一百年”奋斗目标，中华民族在经历了19世纪的列强凌辱到20世纪在内忧外患中建成新中国，在21世纪将实现民族的伟大复兴。这是近代以来中华民族最伟大的梦想，是中国共产党肩负的历史使命，为实现这一目标，中国共产党带领中国人民进行了艰苦卓绝的斗争，谱写了气吞山河的壮丽史诗。

当今世界，海洋已成为全球经济发展和能源格局变化的重要引擎。中国是一个海洋大国，海洋面积相当于陆地面积的三分之一，我国经济发展高度依赖海洋，这一基本格局将长期存在并不断深化。2019年我国海洋生产总值超过8.9万亿元，同比增长6.2%，对国民经济增长的贡献率达到9.1%，拉动国民经济增长0.6个百分点。[1]海洋也是改变现有国际秩序和势力版图的重要战场，随着我国资源能源需求以及发展空间和海外利益的不断扩大，海洋是我国争取和实现发展利益极其重要的战略空间。

21世纪的中国发展取决于海洋。当前，随着经济的高速发展，陆地资源日益匮乏，向海要资源、向海要空间成为必然选择。我国是海洋大国，海岸线漫长，海洋资源丰富。改革开放以后，依海而兴的沿海省市成为我国经济最具活力的地区，海洋成为培育我国经济发展新动能、高技术产业汇聚的前沿阵地。海洋正深刻改变着国家经济发展格局和国民生活，一定程度上，

1.《2019年全国海洋生产总值超过8.9万亿元》，《光明日报》，2020年5月10日，第6版。

也必将决定着我国未来发展基本走向。[1]

* 中国海洋经济发展指数及增速[2]

（二）人民对海洋满足日益增长的美好生活向往的需求日益提高

党的十九大报告指出，在新时代，我国社会主要矛盾已经由“人民日益增长的物质文化需要同落后的社会生产之间的矛盾”转化为“人民日益增长的美好生活需要和不平衡不充分的发展之间的矛盾”。这是关系全局的历史性变化，标志着中国特色社会主义取得重大历史性成就，标志着中国特色社会主义进入新时代，标志着人民需要的拓展提升、经济社会发展的前进

1. 王宏：《增强全民海洋意识 提升海洋强国软实力》，《人民日报》，2017年6月8日，第15版。

2. 中国海洋经济发展指数是对一定时期中国海洋经济发展状况的综合量化评估，以2010年为基期，基期指数设定为100。参见国家海洋信息中心2020年10月发布的《2020中国海洋经济发展指数》。

上升，标志着全面建成小康社会成功在望、全面建设社会主义现代化国家乘势而上，标志着解决矛盾的方向、重点、途径、机制等都有了新的内涵和要求。我们要开启全面建设社会主义现代化国家新征程，向第二个百年奋斗目标进军。新的目标对如何加快建设海洋强国提出了新的重大课题。

我国的海洋发展，必须主动适应新的社会矛盾，服务于满足人民日益增长的对美好生活的需求。21世纪，人们对海洋的需求定位已经从单纯的食物来源扩展到环境景观和文化建设的可持续供给者，海洋的开发方式也由以经济导向为主的无序、低效资源开发转变为以“金山银山不如绿水青山”的生态文明理念为指导的绿色可持续发展。要解决好海洋经济发展不平衡不协调、海洋科技实力与发达国家相比仍有差距、海洋环境污染仍然严重、海洋基础设施不够完善、海洋公共服务不够健全、海洋食品不够安全等问题，我们要进一步发挥海洋特色优势，找准海洋领域制约满足人们美好生活需要的主要因素，推动海洋全面协调可持续发展，将海洋作为化解社会主要矛盾的调和剂和着力点，让海洋成为在更高水平上满足人民群众对蓝色空间、蓝色家园、蓝色乐园等美好生活的需要。

（三）我国的海洋强国建设必须加快

党的十九大报告指出，到2050年，把我国建成社会主义现代化强国。当前，我国已经全面实现小康，国家全面实现现代化的步伐不断加快，海洋的发展已经不能再满足于当前的发展成就、速度和水平，必须按照“加快”要求对接国家目标，与国家同步实现两个阶段的奋斗目标，把我国建设成为海洋经济发达、海洋科技先进、海洋生态健康、海洋安全稳定、海洋管控有力的新型现代化海洋强国。

|知识链接|

厦门打造“海上城市花园”

厦门是知名的滨海城市，拥有独特的优势海洋资源。自1997年以来，厦门市先后制定了《厦门市海域功能区划》《厦门市海域使用管理规定》《厦门海洋经济发展“十一五”专项规划》《厦门市无居民海岛保护与利用管理办法》等一系列涉海法规，形成了较为完整的海洋规划体系，为厦门发展科学化、综合化的海洋综合管理奠定了基础。

厦门市遵循“规划先行，谋定后动”的原则，首创了“天人合一，人海合一”的厦门海洋综合管理模式，实现了城市快速发展与海洋善治的良好结合典范，打造了“城在海上，海在城中”的“海上城市花园”景观，并受到可持续海洋经济高级别小组认可，作为成功经验向世界推广。

* 厦门“海上城市花园”美景

第 4 章

强海之路

——从“以海强国”到“海洋强大的国家”

我们要顺应国际海洋事务发展潮流，着眼于中国特色社会主义事业发展全局，统筹国内国际两个大局，坚持陆海统筹，扎实推进海洋强国建设。

我们坚持走依海富国、以海强国、人海和谐、合作共赢的发展道路，通过和平、发展、合作、共赢方式，实现建设海洋强国的目标。

——习近平总书记在十八届中共中央政治局第八次集体学习时强调（2013年7月30日）

建成“海洋强国”，首先需要回答海洋与国家命运间的内在联系，以及海洋任务与中华民族复兴总目标的逻辑关系。对任何一个国家来说，其海洋综合实力只有高度适应并切实满足经济社会发展需求，该国才能成为“海洋强大的国家”。实现从“以海强国”到“海洋强大的国家”，既是战略目标，是中华民族伟大复兴梦的重要组成部分，也是行动指南，是新时代治国理政、构建人类命运共同体的必由之路。

一、海洋强国的目标愿景

海洋强国是过程和结果的有机统一。从过程看，海洋强国特指依托和借助海洋实现国家强大的漫长历程。从结果看，成为世界性海洋强国是海洋强国的终极目标，强调在认识、开发、利用、治理海洋等领域，拥有强大综合实力和国际影响力。

建成海洋强大的国家不可能毕其功于一役，不可能一蹴而就、一步到位，需要围绕终极目标设定合理的近期、中期和远期目标。正如改革开放后党对实现社会主义现代化建设提出了“三步走”战略目标，以及党的十九大报告指出从2020年到21世纪中叶可以分为两个阶段来安排，我国海洋强国建设目标也可采取分阶段循序渐进的思路，与党的十九大报告提出的2035年和21世纪中叶两个时间节点相吻合，合理划分为近期、中远期两个阶段。

到2035年，我们要实现“以海强国”。到那时，我国海洋产业迈向全球价值链中高端，海洋经济形成若干世界级海洋产业集群；海洋科技实力显著提升，关键领域和环节的技术和装备跻身世界领先地位；海洋生态环境得到根本性好转，水清、岸绿、滩净、湾美、物丰的美丽海洋建设目标基本实现；国家海洋文化软实力显著增强，中华海洋文化影响力更加广泛深入；我国在国际海洋事务具有重要影响力，蓝色伙伴关系成为构建人类命运共同体的重要推动力，“21世纪海上丝绸之路”建设取得重大收获。

到2050年，我们要建成“海洋强大的国家”。到那时，我国海洋事业进入成熟稳定发展阶段，海洋经济发达、海洋生态环境优美、海洋科技先进、海洋文化繁荣、海洋维权有力、海上力量体系世界一流，蓝色伙伴关系发展成果惠及全球，“一路”与“一带”两翼齐飞，我国成为与综合实力和国际影响力相适应的现代化海洋强国。

二、海洋强国的实现路径

“依海富国、以海强国、人海和谐、合作共赢”，不但彰显对海洋事业繁荣昌盛的信心，而且成为海洋强国建设的逻辑动力和有效路径。在习近平总书记关于海洋强国的重要论述指导下，科学合理的目标体系已经形成，切实可行的战略布局渐次展开，保障我国海洋安全、维护我国海洋利益、建成海洋强大的国家正迈出坚实步伐。

（一）依海富国

发达的海洋经济是海洋强国的物质基础。当前，我国海洋经济发展不平衡、不协调、不可持续问题依然存在，海洋资源开发和海洋产业升级亟须在陆海统筹、海陆一体的海洋国土观的指导下实现跨越式发展。这个过程中，需要处理好海洋经济发展与国家经济发展的关系，以及海洋资源开发与陆地资源开发的关系。一方面，贯彻习近平总书记“海洋经济是陆海一体化经济”的理念，转变以海洋资源发展海洋经济的传统理念，坚持海陆资源综合开发，充分利用海洋、陆地资源来发展海洋经济，提升海洋经济对陆地资源的开发的能力和水平；另一方面，促进海洋领域供给侧结构性改革，依托海陆一体化的资源，不断培育海洋经济发展新动能，发展海洋新业态、新产品、新技术、新服务，为“21世纪海上丝绸之路”注入活力。

1.推动海洋资源有序利用，支撑经济社会持续发展

加强海域海岛岸线资源开发利用管理。一是调控海域海岛使用方向、开发时序和规模，规范用海、用岛项目管理，严格控制无居民海岛开发强度，实施围填海总量控制和自然岸线保有率目标管理制度，开展围填海生态建设和岸线整治修复，促进海域资源集约节约和生态利用。二是加强海洋渔业资源保护，严格控制近海捕捞强度，支持发展海水绿色养殖业，持续开展渔业资源增殖放流，推进海洋牧场建设，同时，加大远洋渔业扶持力度，推进南极磷虾资源开发利用，建立海外保障基地。

坚持“储近用远”原则开发海洋油气资源。一是在严格控制近海油气资源开发强度的基础上，在管辖海域争议区“搁置争议、共同开发”，加强油气资源的勘探与调查，鼓励企业开展海外油气资源开发和并购。二是继续加强天然气水合物勘探，加快开采和储运技术的研发与应用。三是加大对海洋可再生能源开发、海水利用的政策扶持力度，推进应用示范，尽快形成

产业规模和产业集群。

推进深海资源开发利用。一是加强深海资源调查和深海装备技术、生物技术的研发，积极培养深海矿业，大力发展深海装备业，推进深海生物基因利用产业化。二是推进极地资源的开发利用，加强与北极国家深入合作，鼓励中国企业有序参与北极资源、航道的商业利用，为新航路的开通和资源开发做好准备。三是支持有资质的企业参与国际海底资源调查和勘探，布局建设国内外深海资源勘探开发保障基地建设。

2.加强海洋经济指导调节，提升发展质量和效益

健全海洋经济发展规划和政策体系。一是主动对接宏观经济的“晴雨表”，加强海洋经济宏观指导和协调，积极开展海洋经济供给侧改革。二是加强海洋经济动态监测与评估，形成覆盖国家、海区、省、市、县的海洋经济动态监测与评估系统。三是丰富促进海洋经济发展的政策工具箱，发布海洋产业发展指导目录，制定金融支持海洋经济发展的指导意见，研究建立海洋产业引导基金，拓展多元化资本投入海洋经济发展的渠道。

推动海洋产业持续升级。一是改造海洋渔业、船舶工业、海洋油气业、海洋盐业和海洋化工业，提高产品技术含量和附加值，推动沿海钢铁产业、重化工产业结构调整，淘汰落后过剩产能。二是培育壮大海洋战略性新兴产业，壮大海洋工程装备制造业，突破装备的自主设计和建造技术，大力发展具有自主知识产权的海洋生物医药产业，稳步发展海洋可再生能源。三是大力发展海洋高端服务业，实施海洋旅游精品战略，发展休闲渔业、邮轮游艇、海洋运动业等新兴旅游业态，加快发展涉海金融服务业，拓宽融资渠道、创新金融保险工具。

强化海洋经济对腹地经济辐射带动。一是推动国家级特色海洋产业园区建设，以海洋工程装备制造、海洋新能源开发利用、现代化海水养殖等领域为重点，研究设立海洋经济示范区、海洋科技合作园和临港产业园区。二是统筹陆海产业布局、基础设施建设和环境治理保护，促进海陆经济产业互补、资源共享、相互依托，推动地区海洋经济向质量效益型转变。

（二）以海强国

从大航海时代的海权竞争，到当今的全球海上战略角逐，历史和现实启迪我们，谁掌握了科技，谁就掌握了海权竞争的主动权。科技的发展，从来没有像今天这样影响着国家和民族的前途命运。海洋竞争实质上是高科技的竞争，海洋开发的深度决定于科技研究水平的高度。海洋科技发达，是海洋强国的重要标志。随着科技的快速进步和发展，各种高精尖技术运用于海洋权益维护和拓展，运用于提升国家能力。科技进步深刻改变着人类的生产生活方式，也深刻影响着世界军事的发展走向。高精尖发展科技在海权建设过程中，大有用武之地。建成海洋强大的国家，离不开国家战略竞争力、社会生产力、海洋科技创新硬实力和军队战斗力的耦合关联。

1.加强海洋科学基础研究，强化海洋科技创新能力

坚持自主创新，大力发展海洋领域关键核心技术和战略性前瞻技术。坚持有所为有所不为，重点突破关键领域的关键海洋科技，重点在深水、绿色、安全的海洋高技术领域取得突破，着力抓好海洋关键领域国际先进技术的引进、消化和吸收，集中优势科技力量，积极发展具有自主知识产权的关键技术，重

点突破深海和远洋装备技术。

坚持科技引领，推动海洋技术产业化。实施科技兴海战略，深化海洋科技管理体制改革，完善海洋科技创新体系，完善产学研创新体系建设。以市场为导向，推动海洋科技成果转化，引导技术创新要素向海洋高新企业集聚，重点支持打造世界领先的海洋高新龙头企业，优化海洋技术成果平台和交易市场。

坚持深度参与，在区域海洋研究计划中发挥主导作用。以国际海洋领域重大计划为抓手，支持并参与联合国政府间海洋学委员会发起的重大海洋科学计划和各项活动。组织实施区域海洋科技合作项目。积极发展与北太平洋科学组织、国际海洋研究科学委员会、国际海洋学院等国际组织和非政府组织的合作关系。进一步发挥在亚太经合组织海洋工作组中的重要作用，做好亚太经合组织海洋可持续发展中心工作。

2.建设世界一流的强大海军，坚决维护国家海洋权益

增强建设世界一流强大海军的紧迫性。海防空虚、海军建设与发展落伍，是近代中国丧失国权的重要原因。新时代捍卫国家主权和海权权益，必须拥有强大的现代化的海上力量。习近平总书记强调，在新时代的征程上，在实现中华民族伟大复兴的奋斗中，建设强大的人民海军的任务从来没有像今天这样紧迫。他指出，建设一支强大的人民海军，寄托着中华民族向海图强的世代夙愿，是实现中华民族伟大复兴的重要保障。[1]

1.海军党委:《努力把人民海军全面建成世界一流海军——深入学习贯彻习近平主席海上阅兵重要讲话精神》,《求是》2018年第11期。

加快建成高效的海上维权执法队伍和现代化海军。加大海军投入，提高海军装备自主化率，在实现近海防御的基础上，也需要有适当的海外保障能力，确保海外贸易和能源通道的畅通，维护经济与人口聚集的东部地区发展的国际空间及其战略纵深，保卫中国业已融入全球经济体系中的海外利益。

坚定不移地走和平发展道路。我们海上力量的增强、活动范围的扩大，目的是促进地区与世界的和平发展，不会重蹈帝国主义争夺海洋霸权的老路，而是站在历史和时代的高度，坚定不移地走和平发展道路。

（三）人海和谐

从远古到近代，海洋作为全球生命支持系统的地位更加重要，但海洋污染、海洋灾害等环境问题日益突出。如果处理不好海洋开发与海洋保护之间的关系，经济社会可持续发展就可能受到影响和制约。全面保护海洋生态环境，关乎人民福祉和民族未来。海洋生态文明建设是治理海洋生态环境污染和防治海洋生态环境灾害的根本途径。坚持开发和保护并重，秉承以人为本、绿色发展、生态优先的理念，把海洋生态文明建设纳入海洋开发总布局之中，“我们要像对待生命一样关爱海洋”[1]，才能促进人与海洋和谐共生。

1. 全面保护海洋生态环境，促进海洋绿色发展

推进海洋生态保护和修复。一是坚持生态优先，摒弃片面

1. 习近平：《推动构建海洋命运共同体》（2019年4月23日），《习近平谈治国理政》第三卷，北京：外文出版社2020年6月第1版，第464页。

追求经济规模和增长速度的理念，优先考虑海洋生态系统承载力和生态平衡。二是走集约化和生态化有机结合的海洋发展道路，优先发展海洋生态经济、海洋循环经济。三是加强海洋保护区建设，保护海洋生物多样性，建立海洋生态修复长效机制，加快修复受损海洋生态系统。

增强陆海污染防治协同性。一是进一步控制陆源污染排海，严格实施重点海域污染物排海总量控制制度，加强对重点海域海洋环境容量和污染物排海总量的监测评估，重点加强对直排海污染源的监管和近岸重点海域环境综合整治。二是坚持河海兼顾、江海联动，强化海洋污染联防联控，加强陆源污染排污监督和统筹衔接，推进涉海部门之间监测数据共享和定期通报。三是实施海洋生态红线制度，将重要、敏感、脆弱的海洋生态系统纳入海洋生态红线区管控范围并实施强制保护和严格管控。

完善海洋生态环境监测评价体系。面向新时期海洋生态环境保护发展需求，构建和完善海洋资源环境监测“一张网”，优化海洋监测机构业务布局，全面建成协调统一、信息共享、测管协同的全国海洋生态监测网络，形成“布局合理、一站多能、标准规范”的业务化海洋观测监测体系。

强化海洋环境监测与应急管理。一是完善海洋工程环境风险、海上溢油隐患排查和应急监管机制，建立健全海洋资源环境承载力监测预警长效机制，开展资源环境承载能力评价和预警。二是关注核污染等新型风险，建立海洋放射性监测体系和海洋放射性污染应急管理体系。三是强化海洋石油勘探开发、废弃物倾倒、海水养殖等海上污染监管，完善海上污染排放许可证制度。

|知识链接|

海洋生态文明

海洋生态文明是生态文明的重要组成部分，其核心在于形成并维护人与海洋的和谐关系，既不是人类社会进步与发展必须保持海洋的原本状态，也不是海洋的发展变化完全服从于人类自身发展的需要，而是人的全面发展与海洋的平衡有序之间的和谐统一。

海洋生态文明建设就是构建人海和谐的发展状态，实现海洋可持续发展，因此要尊重海洋、顺应海洋、保护海洋，坚持以节约优先、保护优先、自然恢复为主的基本方针，在海洋开发利用和保护的全过程必须把海洋资源节约、海洋环境保护、海洋生态自然恢复放在首要位置，推动海洋开发活动向循环利用型转变，建成“水清、岸绿、滩净、湾美、物丰、人悦”的美丽海洋。

2.推动海洋教育人才培养，提高全民族海洋意识

进一步认识海洋、利用海洋、经略海洋，成为海洋强大的国家，需要全社会增强海洋意识，正确认知人类和海洋的关系，实现人海和谐和良性互动。

把国民海洋教育摆在海洋事业发展的突出位置。一是加强中小学海洋基础教育，支持和鼓励重点高校发展海洋教育，积极发展研究生教育，加强海洋职业教育，重视社会力量的非正规海洋教育，促进形成海洋终身教育。二是加强高层次创新型

人才培养，创新海洋人才工作体制机制，统筹推进海洋人才队伍建设。三是建立有利于激励自主创新海洋人才的评价和激励制度。

培育全民海洋环境保护意识和海洋国防意识。一是加大海洋宣传力度，加深全民对海洋与人类关系的理解。二是加强海洋文化的宏观引导，挖掘和梳理优秀的海洋传统文化，提高海洋文化传播能力。三是加强海洋文化遗产保护力度，组织开展海洋文物和海洋非物质文化遗产普查与保护。

3.引导企业和个人可持续用海，强化海洋生态责任

推动企业和个人可持续利用海洋资源。在生产和生活中倡导海洋生态文明行为，实现绿色海洋产业和消费市场，确保海洋资源自然恢复力，实现海洋生态系统的动态平衡，保障人类生产生活水平的同时，最大限度保持海洋生态系统的平衡。

严明海洋生态环境保护责任制度。建立海洋生态文明建设目标评价考核制度，强化海洋环境保护、自然资源管控、节能减排等约束性指标管理，严格落实企业主体责任和政府监管责任。完善海洋生态环境公益诉讼制度，落实生态环境损害责任追究和赔偿制度，实施海洋生态环境损害责任终身追究制。

（四）合作共赢

参与全球海洋治理是和平时期维护国家权益和利益的重要手段，是打造人类命运共同体的重要组成部分，是“海洋强大的国家”的重要标志。从陆地走向海洋，从维护海洋权益到开发海洋资源，从利用海洋贸易通道到主动保障国际海域安全，我国始终坚持合作共赢原则，摒弃传统的海洋扩张霸权思维，

有效拓展双边、多边和区域海洋合作空间，为国际社会提供多种公共产品和治理海洋的制度设计。

1.树立新时代全球海洋治理观，强化顶层设计

将全球海洋治理纳入全方位对外开放布局和新型国际关系构建中。以习近平新时代中国特色社会主义理论思想为指导，树立新时代全球海洋治理观，统筹国内海洋综合管理与国际海洋治理、海洋安全与海洋发展、中国自身发展与人类共同发展三方面关系。在海洋环境、资源、经济、安全等领域形成中国主张，贡献中国方案，在世界海洋秩序深度调整与变化中发挥建设和引领作用，确保全球海洋秩序朝着符合全人类利益的方向发展。

2.构建蓝色伙伴关系，扩大海上“朋友圈”

蓝色伙伴关系是我国在深刻总结国内外经验教训和分析国内外发展大势的基础上提出的海洋治理新理念，是适应当代全球治理鲜明海洋特征的必然结果。在外交领域“伙伴关系”的基础上，蓝色伙伴关系主张在多区域、多领域、多渠道上建立大国与小国兼容、双边与多边互动的海洋合作全新机制，其合作重点是蓝色经济、环境保护、科学技术、港航交通、防灾减灾等领域。以和平、共赢作为根本要求，通过构建完整可行的蓝色标准和规范体系以及合理稳定的决策制度，蓝色伙伴关系正由区域性机制转变为有全球影响力的规则体系。

3.推动共建“一带一路”，深化对外开放新格局

“一带一路”是“丝绸之路经济带”和“21世纪海上丝绸之路”的简称。其中，“21世纪海上丝绸之路”是一条和平之路、合作之路、友谊之路。“政治上，要遵守国际法和国际关系基本原则，秉持公道正义，坚持平等相待。经济上，要立足

全局、放眼长远，坚持互利共赢、共同发展。”[1] “一带一路”的重点是通过打造港口支点带动支点国家腹地的经济发展，形成双边和多边合作经济带，动力机制是政策畅通基础上的贸易自由化和投资便利化，手段是在与沿线国家“共商”基础上进行“共建”，目标是打造政治互信、经济融合、文化包容的利益共同体、命运共同体和责任共同体。

（五）深海极地工作稳步推进

随着“雪鹰601”固定翼飞机、“雪龙2”号、“东方红3”号、“大洋号”科考船等入列海洋科考船队，我国对未知海洋的探索能力得到了大幅提升。科技进步和装备水平的增强使我国逐步走向深远海，《海底两万里》不再是科幻，“上九天揽月，下五洋捉鳖”不再是梦。继2012年6月“蛟龙”号创造下潜7062米的纪录后，2017年5月23日，“蛟龙”号完成在世界最深处下潜，潜航员在水下停留近9小时，海底作业时间3小时11分钟，最大下潜深度4811米。2017年8月至10月，“深海勇士”号4500米级载人潜水器在南海通过了海试验证，作为“蛟龙”号的兄弟，它的关键部件九成以上国产化，被视为承上启下的又一深海“利器”。2020年11月10日，我国的万米级载人深潜器“奋斗者”号成功坐底马里亚纳海沟挑战者深渊，坐底深度为10909米，创造了中国载人深潜的新纪录。

---

1. 习近平：《共创中韩合作未来 同襄亚洲振兴繁荣——在韩国国立首尔大学的演讲》（2014年7月4日），《人民日报》，2014年7月5日，第2版。

* 海底地理实体示意图

大量先进科考设备的广泛应用，极大提高了我国海底地形测量的精确度和数据获取能力，越来越多的海底地理实体被我国科考人员发现。2013年，我国首次以中国地名委员会海底地名分委会名义提交的10个海底地名提案全部获得“国际海底地名分委会”审议通过，被收入国际海底地名名录，这些名字都来自《诗经》，包括长庚海山、启明海山、甘雨海山、朱应海山、维雨平顶山、大成平顶山、谷陵海山群、柔木海山群、天作海山和客怿海山。目前我国已经命名了100多个国际海底地理实体，给这些实体起一个中国名字，既是我国海洋科技综合实力的体现，也是在国际海洋事务中话语权的象征。

党的十八大以来，我国由极地考察大国向强国转变的步伐不断加快。中冰北极科考站正式运行、南极罗斯海新科考站在恩克斯堡岛选址奠基，极地大洋科学考察基础能力显著增强。

2012年第五次北极科考首次穿越北极东北航道，2017年第八次北极科考首次穿越北冰洋中央航道和西北航道。至此，我国实现了北极三条航道的穿越和科考“全覆盖”，获得的相关航道信息和水文洋流等数据对于沟通几大洲贸易的世界航运业来说，具有重要意义。2013年5月15日，中国被批准成为北极理事会正式观察员国，北极事务的参与程度进一步拓深。2014年1月2日，“雪龙”号调查船利用卡-32型直升机，成功地将俄罗斯遇险船舶上的52名乘客救援转运到澳大利亚“极光”号上，成为国际救援行动的新典范。

2017年5月，我国政府首次发布白皮书性质的南极事业发展报告——《中国的南极事业》报告，全面回顾了我国南极事业30多年来的发展成就。2018年1月，国务院新闻办公室发表《中国的北极政策》白皮书，这是中国政府在北极政策方面发表的第一部白皮书，表明了中国政府积极参与北极治理、共同应对全球性挑战的立场、政策和责任。

（六）参与全球海洋治理能力明显增强

随着我国综合实力的提升，我国深度参与全球海洋治理的意愿和能力明显增强，在人类所共同面临的海洋问题中承担了越来越多的国际责任，积极为全球海洋秩序构建贡献着中国智慧和中国方案。2013年，习近平总书记先后提出共建“丝绸之路经济带”和“21世纪海上丝绸之路”重大倡议，2015年我国发布《推动共建丝绸之路经济带和21世纪海上丝绸之路的愿景与行动》，得到国际社会的广泛关注和积极回应。“一带一路”倡议正在成为我国参与全球开放合作、改善全球经济治理体系、促进全球共同发展繁荣、推动构建人类命运共同体的中国方案。海上合作是“一带一路”建设的重要组成部分。随着海洋在国家经济发展格局和对外开放中的作用越来越重要，被纳入首届“一带一路”高峰论坛成果清单的《“一带一路”建设海上合作设想》为与沿线国建立务实的蓝色伙伴关系、铸造可持续发展的“蓝色引擎”指明了方向。2017年联合国海洋可持续发展会议上，我国成功召开了构建蓝色伙伴关系重要边会；我国与葡萄牙、欧盟、塞舌尔分别签署了“蓝色伙伴关系”协议，完成了以中欧蓝色年、中希海洋年为代表的系列活动，逐步搭建由我国发起的综合性多边海洋合作平台。中国海洋经济博览会、中国—东南亚国家海洋合作论坛、中国—小岛屿国家海洋部长圆桌会议，在国际及区域海洋合作交流中持续发挥建设性作用。

2019年4月23日，国家主席习近平在会见应邀出席中国人民解放军海军成立70周年多国海军活动的外方代表团团长时，面向世界首次提出“海洋命运共同体”的重要理念。这是人类命运共同体思想在海洋领域的具体实践，将国家海洋利益与全球海洋利益有机结合，将海洋未来命运同人类未来命运紧密联系，将海洋生产价值与海洋生态价值有机贯通，推动新形势下全球海洋治理体系朝着更加公正合理的方向发展，为可持续利用和保护海洋指明了方向。

第 5 章

海洋经济

——解决陆域资源短缺的唯一途径

海洋经济发展前途无量。建设海洋强国，必须进一步关心海洋、认识海洋、经略海洋，加快海洋科技创新步伐。

——习近平总书记在山东考察时的讲话（2018年6月12—14日）

一、发达的海洋经济是海洋强国建设的重要支撑

海洋经济发展水平是一个国家开发、利用、管控和保护海洋能力的重要体现，是建设海洋强国的重中之重。提高海洋资源开发能力、保障海上通道安全、妥善解决与周边国家海洋划界矛盾、保护海洋生态环境、建设国家海上力量等建设海洋强国的重大任务，无一不依托于海洋经济的发展水平和能力。可以说，只有发达的海洋经济，才能担负起实现建设海洋强国的历史重任，为海洋强国建设提供坚实保障和支撑。

（一）主要海洋强国均拥有强大的海洋经济实力

回顾海洋发展历史，世界史上的强国实际上都是海洋经济强国。自新航路开辟以来，从15世纪至19世纪早期欧洲殖民国家的海洋崛起，到近现代美国的海洋崛起，葡萄牙、西班牙、荷兰、英国、美国等国家纷纷从发展海洋经济中获取了巨大利益。海洋强国彼此间的海上较量，也与海洋经济发展实力的强弱密切相关。海洋经济奠定了海洋强国发展的基石，海洋发展成就了强国的宏图霸业。

当前，沿海国家依然高度重视海洋经济发展，美国、加拿大、英国、爱尔兰、挪威、日本、韩国、澳大利亚等多个沿海国家政府纷纷出台关于海洋经济发展的诸多政策文件。如美国，2017年，总统特朗普签署“美国优先海上能源战略”行政令，美国国家海洋与大气管理局（NOAA）发布《美国海洋渔业工作指南（2017）》，美国船舶制造商协会（NMMA）发布《美国游艇制造业发展政策议程

（2017）》，2019年美国国家科学技术委员会（NSTC）发布《以加强水安全为目标的海水淡化统筹战略规划》等，从加强海上能源开发、可持续发展海洋渔业、促进游艇制造业、支持海水淡化等多方面促进海洋经济发展，海洋强国战略逐步升级。英国，2011年，英国商业、创新和技能部发布英国海洋产业发展战略，2015年颁布“英联邦海洋经济计划”并于2016年开始实施；2018年6月，英国外交部发布《英联邦海洋经济方案概览》文件，就上述“计划”颁布以来所取得的成就和影响作出回顾。日本，2019年2月，日本经济产业省发布了《海洋能源和矿产资源开发计划》，针对日本周边海域的海洋石油、天然气等海洋能源的利用以及锰结核、天然气水合物、热液矿床、稀土等金属矿产的调查与开采进行规划。

与此同时，国际组织对海洋经济发展的重视程度也日益提升。特别是近年来“蓝色经济”概念的兴起，“蓝色经济是可持续的海洋经济”得到了国际社会的广泛认同。欧洲是推动蓝色经济发展的先导地区，2012年8月，欧盟渔业及海洋事务委员会发布题为《蓝色增长：大洋、海洋和海岸带可持续发展的情景和驱动力》的项目报告，指出海洋经济发展的最终驱动力是新兴海洋政策的制定和支持；同年9月，欧盟发布题为《蓝色增长：海洋及关联领域可持续增长的机遇》的报告，提出了“蓝色增长”的战略构想；2014年5月，欧盟委员会推出名为“蓝色经济”的创新计划，促进海洋资源可持续开发利用，推动经济增长和扩大就业，并维持欧盟在相关海洋产业的全球领先地位；2017年3月，欧盟发布《蓝色增长战略报告》；2018年和2019年，欧盟分别发布两份“欧盟蓝色经济年度报告”，旨在通过研究蓝色经济各领域的发展情况以及背后的驱动因素，确定欧洲蓝色经济领域的投资机会并为包括海洋治理在内的未来政策提供方向。联合国机构、太平洋地区小岛屿发展中国家、亚太经济合作组织等国际和区域组织也十分关注并积极推动蓝色经济发展。

| 知识链接 |

海洋经济

海洋经济是指开发、利用和保护海洋的各类产业活动，以及与之相关联活动的总和，其本质是对海洋自然资源和社会资源进行配置、利用的一种实践活动。

根据海洋经济活动的性质，将其划分为海洋产业和海洋相关产业。其中，海洋产业是指开发、利用和保护海洋所进行的生产和服务活动，主要表现在以下五个方面：①直接从海洋中获取产品的生产和服务活动；②直接从海洋中获取的产品的一次加工生产和服务活动；③直接应用于海洋和海洋开发活动的产品生产和服务活动；④利用海水或海洋空间作为生产过程的基本要素所进行的生产和服务活动；⑤海洋科学研究、教育、管理和服务活动。海洋相关产业是指以各种投入产出为联系纽带，与海洋产业构成技术经济联系的产业。[1]

1.第一次全国海洋经济调查领导小组办公室编著：《第一次全国海洋经济调查海洋及相关产业分类》，北京：海洋出版社2017年版，第1页。

随着社会经济的不断发展，海洋产业和海洋相关产业的外延也在不断变化。

（二）海洋经济已成为我国拓展发展空间、建设海洋强国的重要依托

改革开放四十多年来，在党中央、国务院正确领导下，我国海洋经济发展取得了巨大的成就，海洋经济实力显著增强，海洋产业蓬勃发展，海洋经济布局不断优化，海洋科技创新能力持续增强，海洋对外经济合作深化拓展，海洋经济在国民经济与社会发展中的地位逐步提高，日益成为国民经济的新增长点。

首先，海洋经济总体实力显著增强，产业体系日益完善。1978年，我国海洋产业总产值只有60多亿元，主要以海洋捕捞、盐业、交通运输业、造船业为主。到2000年增长到4133.5亿元，2003年突破1万亿元，2016年突破7万亿元，到2019年我国海洋生产总值超过8.9万亿元，占国内生产总值比重9.0%，占沿海地区生产总值比重超过17%[1]，在全国与沿海地区高质量发展中均发挥了重要的引领与支撑作用。

其次，海洋产业蓬勃发展，为国民经济不断注入新动能。传统海洋产业保持稳步发展，海洋渔业向多元、生态、深远海方向发展，养殖、捕捞结构持续优化，海洋油气增储上产态势良好，海洋船舶工业发展稳中有进，智能船舶研发、绿色环保船舶建造不断取得新突破，港口智慧化、绿色化建设迈出新步

1. 参见自然资源部海洋战略规划与经济司于2020年5月发布的《2019年中国海洋经济统计公报》。

伐，上海洋山深水港建成全球最大的全自动码头。海洋工程建筑技术水平全球领先，港珠澳大桥建设开创多项世界纪录。以海洋电力、海洋药物与生物制品、海水利用等为代表的海洋新兴产业快速发展，到2020年底，全国海上风电累计并网装机899万千瓦[1]，占全球25.7%[2]，位居世界第二[3]。海洋服务业持续较快发展，航运服务、邮轮游艇、涉海金融等现代海洋服务业稳步增长，成为海洋经济增长的新亮点和新动力。

再次，海洋经济布局不断优化，已成为沿海区域发展战略的新依托。“十二五”以来，国务院先后批准山东、浙江、广东、福建和天津作为全国海洋经济的试点地区，“十三五”期间持续深化试点示范，继续支持山东威海等16个海洋经济发展示范区建设。具有海洋经济发展特色的浙江舟山群岛新区、福建平潭综合试验区、广东珠海横琴、广州南沙新区、辽宁大连金普新区、山东青岛西海岸新区以及深圳前海深港现代服务业合作区相继获批设立。同时，海洋特色产业园区发展方兴未艾，海洋产业集聚发展的格局初步显现，正打造成为海洋经济发展的新动力和区域发展的新增长极。

最后，海洋对外经济合作深化拓展，不断扩大“朋友圈”。随着“21世纪海上丝绸之路”倡议的实施，我国与“一带一路”沿线国家在基础设施互联互通、经济贸易、人文交流、公益服务等领域展开务实合作，建成一批海外深水港口和产业园区，如缅

1.根据国家能源局公布数据计算而来。

2.根据全球风能理事会公布数据计算而来。

3.来自全球风能理事会2021年2月25日发布的数据。

甸皎漂的深水港和工业园、巴基斯坦瓜达尔港、斯里兰卡科伦坡港等一批基础设施互联互通项目。我国提出构建海洋命运共同体和积极发展“蓝色伙伴关系”倡议，得到国际社会的广泛赞誉，并通过与多个国家、国际组织和非政府组织签署了政府间或部门间合作协议，开展战略对接，建立了广泛的海洋合作关系。

（三）陆海统筹推进海洋经济发展是实现海洋强国建设的根本遵循

近年来，党和国家逐步强化陆海统筹的战略地位，陆海统筹成为建设中国特色海洋强国的核心要义。2010年，“陆海统筹”被首次写入国家“十二五”规划，确立了海洋在国家经济社会发展全局中的地位和作用，标志着我国向海拓展的战略性转变。特别是党的十九大作出“坚持陆海统筹，加快建设海洋强国”的战略部署以来，陆海统筹在体制机制建设、产业、资源、环境和区域协同发展等方面取得重要进展，凸显了海洋在新时代中国特色社会主义事业发展全局中的突出地位和作用。坚持陆海统筹推进海洋经济发展是新时代加快建设海洋强国的基本原则和核心内容，要求从国家经济社会发展的高度将陆地和海洋进行整体部署，促进陆海在空间布局、产业发展、基础设施建设、资源开发、环境保护等方面全方位协同发展。面向建设海洋强国的战略要求，必须立足于陆海资源的互补性、陆海要素的协同性和陆海产业的互通性，以符合自然和经济客观规律为前提进行陆海统筹，才能肩负起建设海洋强国的历史重任。

首先，统筹陆海资源供给，有利于提高资源利用效率。海洋拥有广袤的空间，蕴藏着丰富的资源，类型多、储量大，而且均为关系到人类社会生存和发展的战略性资源。在陆地资源供应日益紧张的当今时代，开发利用海洋资源是人类未来发展的重要途径。然而，海洋资源的开发与陆地资源的开发不能割裂开，必须要统筹考虑，坚持“从山顶到海洋”的理念，否则，不仅会造成资源浪费，还会导致无序开发。比如，随着海水淡化水技术和装备的发展，淡化海水成为沿海城市新增水源之一，把海水淡化作为一个产业做强做大，对于缓解我国沿海特别是北方沿海城市水资源匮乏具有重要的意义。然而，目前我国大部分沿海地区海水淡化的发展还存在很多制约，有必要将海水淡化纳入国家和地区的水资源供给体系，统筹好淡化海水与跨流域调水供给的配置。再如，海洋油气资源、海上风能、潮流能、波浪能等海洋能源的开发利用是缓解陆地资源、能源危机的重要途径。特别是油气能源等不可再生能源的开发利用，不能只顾眼前利益，而要充分考虑可持续发展和子孙万代的长远发展，统筹好陆域油气能源、近海油气能源和深远海油气能源勘探开发。

其次，统筹调控陆海生产要素配置，有利于提高全要素生产率。陆海产业在技术、产品、市场上很大程度是相通的，或者是产品功能和应用场景的转换，或者是技术应用领域的创新，或者是上游资源的新探索。但是，我国海陆经济关系不协调，海陆经济联系层次低、领域少、范围窄，共享互促、融合共生的陆海产业发展格局仍未形成，这既造成了很大的资源和要素浪费，也抑制了产业创新增长的空间挖潜。在实际管理和发展中，陆海资源、技术、产品、市场二元分割的现象比较严重，缺乏充足有效的统筹协调机制和引导激励，在融合发展的主体、路径、模式上创新探索不够，导致资源和要素配置无法向更优水平提高。因此，坚持陆海统筹，统筹调控陆海生产要素配置，推动科技创新、现代金融、人力资源等资源涌入海洋产业领域，通过优化海陆间资源配置结构，促进陆域经济的各种生产要素向海洋延伸和集聚，将大力提升海洋经济的全要素生产率，推动海洋产业体系和重点产业链水平的整体跃升，提高海洋经济质量和效益，更加高质量地推动海洋强国建设。

最后，统筹调控陆海发展布局，有利于共谋区域重大战略实施。中华民族是世界上最早利用海洋的民族之一。但历史上由于重陆轻海观念的影响，人们缺乏海洋意识，以致未能实现向海发展、以海强国。如今，粤港澳大湾区、长江三角洲地区和京津冀地区已成为我国发展水平高、质量优、活力足的经济中心地带，成为新时代建设海洋强国的重要依托和引领力量。此外，山东着力打造蓝色经济区，福建稳步深化闽台海洋经济合作，广西积极发展向海经济，辽宁加快沿海经济带发展，海南努力推进南海资源保护与综合利用，沿海各地陆海统筹、协调联动的发展态势已经形成。以陆海统筹推进国家重大区域战略的实施，就是通过构建陆海空间良性互动，陆海经济一体化发展的新格局，大力优化近岸海域国土空间布局，拓展海洋经济发展空间，推动海洋经济由近岸海域、海岛向深远海、极地延伸，为海洋强国建设夯实发展的战略空间。

二、海洋经济是构建“双循环”发展格局的重要枢纽

当前世界正面临百年未有之大变局，国际政治经济秩序加速重塑。突如其来的新冠肺炎疫情，将全球化分工带来的产业

链脆弱性暴露无遗，世界经济面临深度衰退。2020年5月，中央首次提出“构建国内国际双循环相互促进的新发展格局”，是中长期经济发展思路的重大转变，也是有效应对逆全球化、重构新型产业链体系的理性选择。“双循环”主要指逐步形成以国内大循环为主体、国内国际双循环相互促进的新发展格局。作为我国国民经济的重要支撑，海洋经济以其规模的持续扩大、高度外向型的特征，在“双循环”发展中发挥重要载体功能，将引领中国经济走向高质量发展之路，是支撑“双循环”新发展格局的重要保障，也是未来国民经济发展的重要战略空间。

（一）海洋交通运输是畅通“双循环”发展格局的重要生命线

大爱无声，沧海有情。一个国家的兴盛与航海事业密不可分，世界上很多海洋国家都有自己的航海节或海洋日。航海日是全体航海人的节日。2005年7月11日，中国航海日正式启动，当天也是中国航海家郑和下西洋600周年纪念日。郑和七下西洋拉开了人类走向远洋的序幕，中国政府决定把每年的7月11日定为航海日，同时也作为世界海事日在中国的实施日期。航海日当天，各地会举办多种庆祝活动，相关船舶都要统一鸣笛一分钟。2021年，中国航海日活动的主题是“开启航海新征程，共创航运新未来”，世界海事日的主题是“海员——航运业未来的核心”。

我国是海洋大国，也是航运大国和造船大国，拥有数百万平方千米管辖海域面积，1.8万千米大陆海岸线，7600多个岛屿，1.4万千米岛屿岸线，水上运输、船舶建造、渔业产量、船员数量等指标稳居世界前列，海运航线和服务网络遍布全球。我国90%以上的国际货物贸易量是通过海运完成的，海运在保障国际物流供应链畅通、促进世界经贸发展，维护国家海外权益，构建人类命运共同体的伟大事业中发挥着重要作用。

面向未来，我们要继续弘扬丝路精神和航海精神。“和平合作、开放包容、互学互鉴、互利共赢”的丝路精神和“不畏艰险、勇于开拓、同舟共济、尚新图变”的航海精神，在航海和海洋事业发展中薪火相传，并将继续在“一带一路”倡议中发扬光大，成为新时代中国航海人的精神谱系。奋斗百年路，扬帆再启航。2021年是中国共产党建党100周年，也是“十四五”开局之年。《交通强国建设纲要》《国家综合立体交通网规划纲要》印发，宏伟蓝图已经绘就，奋进号角已经吹响，让我们共同携起手来，坚守初心使命，勇做新时代的奋进者、追梦人，加快建设海洋强国、交通强国、造船强国，为实现中华民族伟大复兴的中国梦，推动构建人类命运共同体而努力奋斗。

（二）海洋外贸外资是助力“双循环”发展格局的重要驱动力

中国已经形成高度依赖海洋的外向型经济形态和“大进大出、两头在海”的基本格局。据统计，中国对外货物贸易种类的九成以上、价值的六成以上，与21世纪海上丝绸之路沿线国家货物贸易价值的九成以上，均通过海洋运输完成。随着“21世纪海上丝绸之路”倡议的实施，我国与周边国家在基础设施互联互通、经济贸易、人文交流等领域展开务实合作，建成一批海外深水港口和产业园区。2010—2019年，我国与21世纪海上丝绸之路沿线国的贸易额和投资额显著增长。

海洋已经成为各国经济资源流动的重要通道，发展蓝色经济，加强海上合作，是各国通过稳定资源流动进一步促进经济结构的转型与发展，形成互利互补型的一体化发展模式。作为链接“双循环”的关键节点，自贸区在促进“双循环”新格局的形成中发挥重要作用。当前中国已实现沿海省份自贸区的全覆盖，从北到南分别是辽宁、河北、天津、山东、江苏、上海、浙江、福建、广东、广西、海南。沿海自贸区连点成线、连线成面，形成对外开放的前沿地带，全方位发挥沿海地区对腹地的辐射带动作用，更好地服务陆海内外联动、东西双向互济的对外开放总体布局。

|知识链接|

沿海自贸区成为“双循环”发展重要引擎

纵览中国自贸试验区的版图，从2013年上海自贸试验区一枝独秀，到现在已经扩容到21个自贸试验区，包括几十个片区，连点成线、连线成面，沿海11个省份已全部建设有自贸试验区，实现中国沿海省份自贸试验区的全覆盖。沿海自贸区从无到有、从少到多，通过更高水平的开放，成为“双循环”发展重要引擎。沿海自贸区名称与主要功能如下。

辽宁自贸区：提升东北老工业基地发展整体竞争力和对外开放水平的新引擎。

河北自贸区：国际商贸物流枢纽、新型工业化基地、全球创新高地和开放发展先行区。

天津自贸区：京津冀协调发展高水平对外开放平台。

山东自贸区：新旧发展动能接续转换、发展海洋经济，形成对外开放新高地。

江苏自贸区：开放型经济发展先行区、实体经济创新发展和产业转型升级示范区。

上海自贸区：对标国际上公认的竞争力最强的自由贸易区，建设更具国际市场影响力和竞争力的特殊经济功能区，与上海国际金融中心建设战略协同发展。

浙江自贸区：东部地区重要海上开放门户示范区。

福建自贸区：深化两岸经济合作的示范区。

广东自贸区：粤港澳深度合作示范区、21世纪海上丝绸之路重要枢纽。

广西自贸区：21世纪海上丝绸之路和丝绸之路经济带有机衔接的重要门户。

海南自贸区：面向太平洋和印度洋的重要对外开放门户、具有国际影响力的高水平自由贸易港。

（三）沿海港口是打造“双循环”发展格局的重要交汇节点

港口是综合交通运输枢纽，也是经济社会发展的战略资源和重要支撑。2020年最新的世界十大港口排名中，中国占了7个，世界最大的港口是中国的上海港，可以说我国在港口方面是有着极大的优势的。新冠肺炎疫情期间，我国港口率先提振士气，抗疫复产同步进行，以最快速度回到疫情前的正常接卸水平，港口集装箱吞吐量的增速普遍较快。

天津、山东、上海、浙江、福建、广西等省（区、市），将港口建设作为融入“双循环”发展格局的枢纽来谋划。我国港口未来的发展目标是到2025年，世界一流港口建设取得重要进展，主要港口绿色、智慧、安全发展实现重大突破，地区性重要港口和一般港口专业化、规模化水平明显提升。到2035年，全国港口发展水平整体跃升，主要港口总体达到世界一流水平，若干个枢纽港口建成世界一流港口，引领全球港口绿色发展、智慧发展。到2050年，全面建成世界一流港口，形成若干个世界级港口群，发展水平位居世界前列。

2020年全球港口集装箱吞吐量TOP20[1]　　单位：万TEU

排名	港口名称	2020年	同比增速	2019年	同比增速
1	上海	4350	0.40%	4331	3.10%
2	新加坡	3687	-0.90%	3720	1.60%
3	宁波舟山	2872	4.30%	2753	4.50%
4	深圳	2655	3.00%	2577	0.10%
5	广州	2317	1.50%	2283	5.70%
6	青岛	2201	4.70%	2101	8.80%
7	釜山	2181	-0.80%	2191	1.10%
8	天津	1835	6.10%	1730	8.10%
9	中国香港	1796	-1.90%	1836	-6.30%
10	鹿特丹	1434	-3.20%	1481	2.10%
11	迪拜	1349	-4.40%	1411	-5.60%
12	巴生	1324	-2.50%	1358	10.30%
13	安特卫普	1202	1.40%	1186	6.80%
14	厦门	1141	2.50%	1112	3.90%
15	丹戎帕拉帕斯	980	8.00%	908	1.30%
16	中国高雄	962	-7.70%	1043	-0.20%

1. 参阅上海国际航运研究中心发布的《2020年全球前20大港口生产形势评述》。

续表

排名	港口名称	2020年	同比增速	2019年	同比增速
17	洛杉矶	921	-1.30%	934	-1.30%
18	汉堡	850	-7.90%	926	6.10%
19	长滩	811	6.30%	763	5.70%
20	纽约/新泽西	759	1.50%	747	4.10%

| 知识链接 |

沿海各地谋划海港建设，积极融入“双循环”

天津将加快北方国际航运枢纽建设。发挥天津港在京津冀协同发展中的海上门户枢纽作用，深度融入“一带一路”建设，重点发展集装箱、滚装、邮轮运输。对标世界一流港口，以智慧港口、绿色港口建设为引领，推进世界级港口群建设，加快建成航运基础设施完善、航运资源高度集聚、航运服务功能齐备、资源配置能力突出的天津北方国际航运枢纽。

山东将深化全省沿海港口一体化改革，统一规划、突出特色、高效开发，建设以青岛港为中心的国际航运枢纽。健全港口集疏运体系，建设内陆“无水港”，推进海港、河港、陆港、空港联动，构建连内接外、通畅高效的陆海运输网络。推动港产城深度融合，积极培育涉海高端服务业，加快从装卸港向枢纽港、贸易港和金融港升级。

江苏将加快建设通州湾长江集装箱运输新出海口和徐州国际陆港、淮安空港、连云港海港“物流金三角”，建设滨海港淮河生态经济带出海口，推动中亚中欧班列提质增效可持续发展，不断提高国际物流通道建设水平。积极推动中哈物流基地、上合组织出海基地提档升级，将新亚欧陆海联运通道打造为“一带一路”合作倡议的标杆和示范项目。

上海将强化开放枢纽门户功能，巩固上海港国际集装箱枢纽港地位，建设国际一流邮轮港。充分发挥上海国际航运中心在国内大循环和国内国际双循环中的枢纽节点和战略链接作用，形成枢纽门户服务升级、引领辐射能力增强、科技创新驱动有力、资源配置能级提升的航运中心发展新格局。

浙江省委提出“四港”联动畅流通。大力推动宁波舟山港建设世界一流强港，打造世界级港口群，建设舟山江海联运服务中心，构建现代化内河航运体系，推进海铁、海河联运。加快千万级机场四大都市区全覆盖，推进货运机场建设和国际航空货运发展。

广西将高水平建设西部陆海新通道。聚焦打造千万标箱大港，实施北部湾国际门户港扩能优服行动，加强港口集疏运体系建设，打造畅通高效经济的国际航运物流枢纽，培育发展枢纽经济，与沿线地区共建一批“飞地经济”园区和无水港。深入推进与东盟国家的基础设施互联互通，强化国际通关合作，加快建成连接中国与东盟时间最短、服务最好、价格最优的陆海新通道。

三、构建完善的现代海洋产业体系

现代海洋产业体系是以高科技含量、高附加值、低能耗、低污染的现代海洋产业为核心，实现要素资源优化组合、产业深度融合链群发展、创新协调联动、开放合作共赢和可持续发展的新型海洋产业体系，是海洋产业结构优化和海洋产业、科技创新、现代金融、人力资本协同发展的有机结合。适应新时代新要求，要推动加快建设海洋强国，必须将推动海洋经济高质量发展作为重要抓手，坚持创新驱动发展，培育壮大特色海洋产业，着力建设完善的现代海洋产业体系，为海洋强国建设提供重要依托。

（一）构建完善的现代海洋产业体系是实现海洋强国的必然要求

构建完善现代海洋产业体系有利于提升我国海洋产业竞争能力，抢占海洋产业和科技制高点。全球海洋经济处于大发展、大变化的时代，世界各国更加重视开发利用海洋资源、发展海洋经济，随着世界海洋经济加速发展，国家之间的海洋经济竞争呈现白热化的趋势，尤其对海洋产业的竞争和开发海洋技术制高点的争夺日趋激烈。美国为了保持其在海洋经济发展领域的领先地位，加强了对海洋产业的组织与调整，意图继续保持其在海洋工程技术、海洋旅游、邮轮经济、海洋生物医药、海洋风力发电等新兴、尖端海洋经济领域的领先地位，加拿大、英国、日本、澳大利亚等国也加大对海洋经济和海洋技术研发的投入。世界海洋经济已跨入以高新技术引领的新时代，以海洋高新技术为首要特征的海洋新兴产业成为各国争相抢占的科技制高点。我国海洋经济发展也受到了前所未有的关注，如何认识海洋、理解海洋、经略海洋，加速构建完善的海洋产业体系，进一步推动海洋科技创新和新兴产业快速发展，将是海洋强国建设的核心任务之一。

构建完善现代海洋产业体系有利于提高我国海洋资源开发能力，引领新增长、孕育新产业。当前，全球新一轮科技革命和产业变革呈加速趋势，在新一轮科技革命背景下，海洋领域新技术加快突破，正催生新型蓝色经济的兴起与发展，多功能水下缆控机器人、高精度水下自航器、深海海底观测系统、深海空间站等海洋新技术的研发应用和海洋药物新品种的不断发现，将为深海海洋监测、资源综合开发利用、海洋安全保障和人类更高质量生产生活提供核心支撑。构建完善现代海洋产业体系，有利于提高我国海洋资源开发能力，壮大海洋新兴产业，促进新业态、新模式涌现，孕育出新的海洋产业，培育新的海洋经济增长点，不断优化海洋产业结构，提高海洋经济效益，推动海洋产业体系向更高水平迈进，支撑经济高质量发展，为有效推动海洋强国建设提供重要物质保障。

构建完善现代海洋产业体系有利于推进海上互联互通和交流合作，保障“21世纪海上丝绸之路”倡议顺利实施。现代海洋产业体系，不是孤立运行的封闭系统，而是多维共振的开放结构。一方面，生产要素在海洋产业和国民经济其他产业中流动，促进资源优化配置。另一方面，在开放条件下，将最大可能地利用优势和互补性国际要素资源，促进我国与世界各国产品和要素流动，深刻改变我国海洋经济在国际中的地位和格局。因此，构建完善现代海洋产业体系，有利于我国海洋产业高水平对外开放，打造海上丝绸之路技术交流平台，加快海洋新型基础设施建设，推动海上丝绸之路沿线国家海洋基础设施联动，促进海上丝绸之路国际监管和服务组织建设，加快准入标准、监管标准等以及本土优势海洋企业走出去步伐，推动国际海洋产能合作，以丰富的海洋生产活动践行“21世纪海上丝绸之路”倡议，为海洋强国建设营造良好的国际环境。

（二）我国已基本建立门类齐全、配套健全的海洋产业体系

经过多年的发展，我国以海洋产业为主体，海洋相关产业为依托，各类要素资源相汇聚，基本建立了门类齐全、配套健全的海洋产业体系。特别是党的十八大以来，我国深入推进海洋经济供给侧结构性改革，加速海洋产业转型升级，海洋产业结构持续优化，为海洋经济综合实力的持续提升作出了重要贡献。2020年，我国海洋三次产业增加值比例分别为4.9%、33.4%和61.7%，海洋第三产业增加值占比与2011年相比提

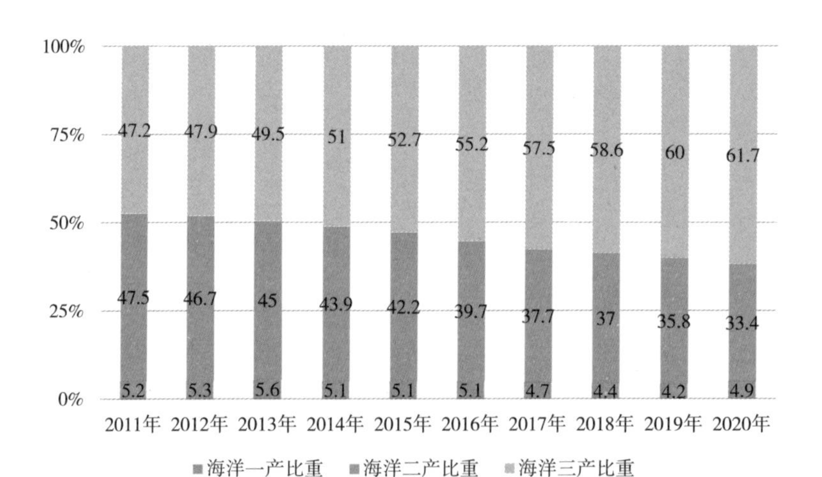

* 2011—2020年我国海洋经济三次产业结构[1]

1. 数据参见《中国海洋经济统计年鉴2019》《2019年中国海洋经济统计公报》《2020年中国海洋经济统计公报》。

高了14.5个百分点，连续多年保持“三、二、一”的结构比例。以海洋生物医药、海水综合利用和海洋电力业等为代表的海洋新兴产业快速发展，在海洋经济中的比重不断提升，成为海洋经济发展的重要亮点。

分产业来看，海洋渔业逐步呈现出由捕捞向养殖、由近海向深海远洋、由数量增长向效益扩张型转变的良好趋势。海洋油气勘探开发进一步向深远海拓展。海洋船舶工业中高端船舶订单量和完工量占比明显提升。海运船队运力规模位居世界前列，智慧港口、绿色港口建设速度加快。海洋旅游也从传统观光游向休闲游、养生度假游转变。海洋药物与生物制品产业整体水平明显提升，部分海洋生物制品产量在全球的占比大幅提高，示范城市海洋药物与生物制品产品的研发平台初步建成，海洋生物技术水平逐步向产业链中高端迈进。海洋装备制造业快速发展，大型海洋装备的国产化率不断提高，部分装备研制能力跃居世界领先地位。海上风电规模不断壮大，根据全球风能理事会数据显示，2020年我国海上风电新增装机容量超过3GW，占到全球增量的50%以上。[1] 海水利用能力不断增强，在天津、山东、浙江、辽宁等沿海地区实施了一批海水淡化工程项目，2019年海水淡化日产能力157.4万吨，较2012年增长了2倍，为沿海缺水城市和海岛提供了重要的水源保障。[2]

1.参见全球风能理事会2021年9月发布的《2021全球海上风电报告》。

2.参见自然资源部海洋战略规划与经济司2020年10月发布的《2019年全国海水利用报告》。

（三）构建完善的现代海洋产业需要谋划新的着力点

大力培育海洋新兴产业，推动海洋产业结构持续优化。要聚焦海洋高端装备、海洋药物与生物制品、海洋新能源、海水淡化与综合利用等重点领域，把握新一轮科技革命和产业变革机遇，发挥新技术、新业态、新服务对海洋新兴产业发展的引领带动，大力拓展“海洋＋”、“互联网＋海洋”、智慧海洋、透明海洋等新业态新模式，促进海洋产业融合发展，大幅提升海洋新兴产业比重，推动海洋产业高级化发展。

加快培育高端要素，夯实海洋产业发展的要素支撑。着力加大科技创新、现代金融、人力资源要素投入力度，着力推动海洋产业重大技术突破，把金融活水引向海洋产业，强化人才支撑，不断提升要素质量，培育形成数量庞大、质量优良、结构合理、配置有效的科技、金融、人才等优质要素，为海洋产业的提质增效升级提供强有力支撑。

着力构建各类要素向海洋产业流动的协同机制，促进各要素合理配置、高效互动。现代海洋产业体系要求产业具备良好的制度素质、技术素质和劳动力素质，要求拥有优质的科技、金融、人才等要素保障，并且建立起要素之间的协同机制，优化要素配置，提升要素效率。围绕现代海洋产业体系建立政策保障体系，保证各类人才能够源源不断地吸引到海洋经济发展的各个领域，实现创新资源加快汇聚，促进现代金融发展与海洋产业需求紧密结合，协同促进海洋经济和产业体系优质高效发展。

着力构建完善的现代海洋产业发展管理体制，促进市场机制充分发挥、微观主体活力迸发、产业管理有为有效。依托规模巨大、前景广阔的国内市场，进一步深化市场准入和要素市场改革，激活各类市场主体平等进入、公平竞争的活力，以体制机制创新为供给，优化结构，创造市场空间，实现供给和需求相互促进和更高水平协调平衡，不断增强现代产业体系发展活力和竞争力。

积极促进海洋产业对外开放，推动海洋产业国际化发展。开放性和动态性是现代海洋产业体系的重要特征。在经济全球化背景下构建完善现代海洋产业体系，必须统筹国内发展和对外开放。既释放开放红利，也释放改革红利。要将引进来和走出去更好结合，拓展和开辟海洋产业发展新的开放领域和发展空间，提升国际合作的水平和层次，拓展现代海洋产业体系的国际市场空间和全球资源配置能力，加快塑造国际经济合作和竞争新优势。

四、沿海经济带是海洋强国建设的主战场

作为我国面向世界"走出去"与"引进来"的重要窗口，沿海地区在"一带一路"建设、自由贸易区建设和海洋经济发展中具有不可替代的条件与优势。我国沿海地区以全国13%的陆域面积，承载了全国45%的人口，创造了全国53%的经济总量[1]，初步形成了以海洋城市为"核心"，北部、东部、南部三大海洋经济圈为"轴带"，纵贯南北、联通内外的沿海经济带，不断向深远海拓展的发展格局。

---

1. 根据国家统计局编《2021中国统计年鉴》数据计算得出。

（一）沿海经济带是支撑国民经济持续快速增长的核心区域

沿海经济带是指沿着海岸线产业分布成“聚焦成点—延展成线—辐射成面”的状态，并通过各种交通运输方式联系起来的带状经济体和产业走廊，是港口城市和与之有密切关系的周边地区间形成的一种特殊的区域结构体系。我国沿海经济带通常指东部沿海地区，由辽宁、河北、天津、山东、浙江、上海、江苏、福建、广东、广西、海南11个沿海省（市、区）的55个沿海城市及其所辖海域构成。

2001年以来，沿海地区生产总值占国内生产总值的比重一直保持在50%以上，沿海地区经济支撑着我国国民经济的半壁江山。其中，广东省GDP已经连续32年居全国首位，领跑全国。紧随其后是江苏省、山东省、浙江省。2020年，该四省份地区GDP排名不仅是全国前四位，也是沿海地区前四名。在

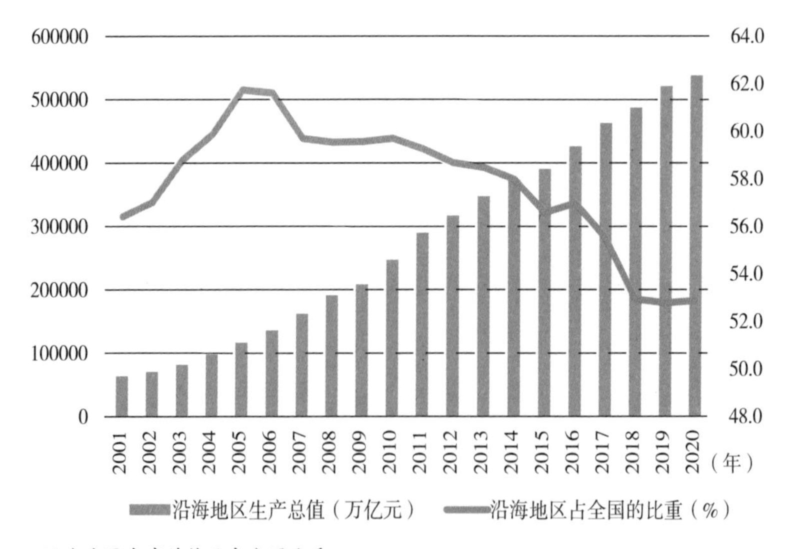

* 沿海地区生产总值及占全国比重

新理念、新阶段、新格局发展背景下，沿海地区是我国陆海内外联动、东西双向互济发展的最前沿，在推进“双循环”新发展格局建设中起着重要的承接与载体作用。

（二）“组团出拳”的海洋经济圈是区域发展的动力引擎

随着海洋经济的发展，我国沿海地区基本形成了北部、东部、南部三大海洋经济圈，“三圈”抱团发力，各展所长，海洋经济发展格局得以不断强化优化，绘就了我国海洋事业开放发展新蓝图。

根据各自的资源禀赋和发展潜力，“三圈”在定位和产业发展上有所区别。北部海洋经济圈由辽东半岛、渤海湾和山东半岛沿岸及海域组成，该区域海洋经济发展基础雄厚，海洋科研教育优势突出，成为我国北方地区对外开放的重要平台和具有全球影响力的先进制造业基地与现代服务业基地、全国科技创新与技术研发基地。东部海洋经济圈由江苏、上海、浙江沿岸及海域组成，该区域港口航运体系完善，海洋经济外向型程度高，是“一带一路”建设与长江经济带发展战略的交汇区域，也是我国参与经济全球化的重要区域、亚太地区重要的国际门户。南部海洋经济圈由福建、珠江口及其两翼、北部湾、海南岛沿岸及海域组成，该区域海域辽阔、资源丰富、战略地位突出，是我国对外开放和参与经济全球化的重要区域，成为保护开发南海资源、维护国家海洋权益的重要基地。“收指为拳”，“三圈”的经济影响力和辐射力得到有效增强。2020年，北部、东部、南部三大海洋经济圈海洋生产总值分别达到23386亿元、25698亿元、30925亿元，占全国海洋生产总值的比重分别为29.2%、32.1%、38.7%。[1]

进入“十四五”，“三圈”积极对接京津冀协同发展、长三角一体化、长江经济带建设、粤港澳大湾区建设等国家重大区域发展战略，着力推进北部海洋经济圈海洋产业转型升级，积极推动东部海洋经济圈陆海经济协调发展，不断推进南部海洋经济圈海洋经济向高质量方向发展。

（三）海洋强省是推进海洋强国建设的中坚力量

“十二五”时期，山东、浙江、广东、福建和天津五省市经国务院批准，先后被确定为全国海洋经济发展试点地区，加快推进海洋经济发展方式转变、调整优化经济结构、深化沿海开放战略。在此基础上，广东、山东、浙江等积极探索建设海洋强省，经过两个五年的发展，海洋经济发展成效显著，为推进我国海洋强国建设奠定了坚实基础。

近五年，广东、山东、福建三省海洋生产总值（GOP）保持全国前列，三省GOP之和占全国GOP的比重超过50%，是拉动全国海洋经济发展的主力军。为全面推进海洋强省建设，三省份积极创新体制机制，优化营商环境，为其他沿海地区发展提供了可借鉴的先进经验。比如，广东加大财政资金对海洋产业支持力度，自2018年起连续3年每年安排3亿元的财政专项资金重点支持海洋电子信息、海洋生物、海工装备、天然气水合物、海上风电、海洋公共服务六大海洋产业发展。山东省

1.参见自然资源部海洋战略规划司2021年3月发布的《2020年中国海洋经济统计公报》。

在山东省级机构改革中组建省委海洋发展委员会，在省自然资源厅设立省海洋局，加强对海洋领域重大工作的统筹谋划、综合协调、整体推进和督促落实。福建积极创新投融资方式，引导设立省现代蓝色产业创投基金，成立福建省远洋渔业发展基金，启动“科技贷”“风险贷”等一系列新型融资产品；大力推进海洋资源市场化，在全国率先建立海域收储中心，完成全国首例无居民海岛抵押登记，开展用海管理与用地管理衔接试点。

“十四五”时期，沿海各地方纷纷围绕海洋强省建设制定发展任务，明确发展重点，以科技创新为发展动力，构建现代海洋产业体系，打造绿色可持续海洋生态环境，塑造开放包容海洋合作局面，辐射带动周边地区发展，推动海洋经济向高质量方向发展。

（四）海洋城市是海洋经济高质量发展的“领头羊”

海洋城市以优良港口为基础，依靠内陆腹地和港口资源，将陆域经济和海洋经济联系起来，不断向海、向陆延伸拓展，发展形成地区重要增长极。封建社会时期，一些著名的海洋城市在水运要道发展起来并不断壮大，如上海、番禺（今广州）、明州（今宁波）等。随着近现代经济社会发展以及与国际经济联系的加强，新的海洋城市不断兴起，如青岛、大连等。1984年，国家明确在大连、秦皇岛、天津、烟台、青岛、连云港、南通、上海、宁波、温州、福州、广州、湛江、北海14个海洋城市兴建经济技术开发区，以便利用区位条件和资源禀赋，吸引外资，引进技术和管理经验，进一步发挥海洋城市在国家建设中的作用。

总体来看，我国海洋城市可分三个梯队：第一梯队即面向北部、东部、南部三个海洋经济圈，在全球具有国际竞争力的海洋城市，主要包括深圳、上海、青岛等；第二梯队即海洋经济具有较强优势、对区域经济发展辐射带动显著的海洋城市，主要包括大连、天津、宁波、厦门等；第三梯队即具有鲜明特色的海洋城市，主要包括秦皇岛、连云港、北海、三亚等。“十三五”以来，国家在山东威海、日照，江苏连云港、盐城，天津临港，浙江宁波、温州等11个市和4个产业园区设立海洋经济发展示范区，为推进海洋经济高质量发展提供了可推广可复制的经验。“十四五”时期，我国将按照优势突出、特色鲜明、区域均衡的原则，以重点海洋城市为引领，深化海洋经济发展试点示范，推动沿海北部、东部和南部地区海洋经济协调发展，建成层次清晰、优势互补、内外联动、集约高效的沿海经济带。

| 知识链接 |

海洋城市：“领头羊”特性

深圳：城市创新能力位列国家创新型城市榜首，面向建设全球海洋中心城市，已初步形成以海洋电子信息、海洋高端设备、海洋现代服务、海洋生态环保、海洋新能源为主的千亿级海洋产业集群。

上海：已基本建成国际航运中心，现代航运服务业加速发展，航运融资、航运保险、航运金融衍生品等业务规模居全国前列，据2020新华·波罗的海国际航运中心发展指数报告显示，上海位列全球航运中心综合实力第三。

青岛：海洋科技创新综合能力位居全国前列，聚集了全国30%以上海洋教学和科研机构、50%的涉海科研人员、70%的涉海高级专家和院士，实现国际领跑技术占全国44%。

大连：海洋装备制造基础雄厚，东北亚国际航运中心能级稳步提升，是推动东北地区对外开放的重要窗口。

天津：加快北方国际航运枢纽建设，海水淡化与综合利用业优势明显，海水淡化装机规模占全国19.4%。

宁波：宁波舟山港货物吞吐量连续第12年保持全球第一，海洋渔业发达，在探索海域海岛资源市场化配置方面走在全国前列。

厦门：21世纪海上丝绸之路的核心区和对台交流的前沿城市，海洋药物与生物制品科研和产业优势突出，拥有以厦门蓝湾、金达威为代表的海洋生物医药和制品企业近60家。

秦皇岛：北方最优质的海滨度假区，我国煤炭运输的主枢纽港，年输出煤炭量占全国沿海港口接近40%。

连云港：新亚欧大陆桥经济走廊重要节点城市，中亚国家通向太平洋的重要出海口，已成为具备独特资源优势的海铁联运特色品牌。

北海：着力发展向海经济，是西南地区对外开放的重要门户，是中国面向东盟扩大开放合作的前沿地带，海洋渔业、滨海旅游业发展条件与优势凸显。

三亚：热带海洋旅游特色突出，邮轮游艇业逐渐成熟，2020年三亚新增登记游艇139艘，同比增长27.7%，游艇保有量达到641艘。

第 6 章

海洋生态

——人海和谐的美丽海洋

自然是生命之母，人与自然是生命共同体，人类必须敬畏自然、尊重自然、顺应自然、保护自然。我们要坚持人与自然和谐共生，牢固树立和切实践行绿水青山就是金山银山的理念，动员全社会力量推进生态文明建设，共建美丽中国，让人民群众在绿水青山中共享自然之美、生命之美、生活之美，走出一条生产发展、生活富裕、生态良好的文明发展道路。

——习近平总书记在纪念马克思诞辰200周年大会上的讲话（2018年5月4日）

生态是自然界的存在状态，文明是人类社会的进步状态，生态文明则是人类文明中反映人类进步与自然存在和谐程度的状态。生态文明建设根植于中国古代“道法自然”“天人合一”等传统生态智慧，发轫于中国共产党和中国政府治国理政的不懈探索。我国生态文明建设以可持续发展、人与自然的和谐共处为目标，秉持尊重自然、顺应自然、保护自然的原则，开展经济、政治、社会、文化与生态环境的深度整合，不断探索“绿水青山就是金山银山”的生态文明之路。健康的海洋是海洋强国战略的压舱石，我们与海洋最好的状态莫过于“依海富国、以海强国、人海和谐”。正如习近平总书记所强调的，我们“要像对待生命一样，关爱海洋”，把可持续发展的理念，深刻融入保护和利用海洋的每一个环节中。

一、海洋是生态文明的重要组成部分

（一）海洋是立体、动态、鲜活的整体

海洋是一个巨大而连通的整体，包含着众多海洋生态类型，相互作用的生物组分和非生物组分，通过能量流动和物质循环构成了具有一定结构和功能的统一体。不同的生境栖息着不同种类的海洋生物，每种海洋生物生活在与其相适应的环境，同时也在改造其生存环境。如潮间带富含有机质的泥质环境为红树提供了适宜生长的环境，红树林的生长对海岸带安全发展起到了很好的防护作用。在大洋中，中上层丰富的饵料生物可聚集大量渔业资源。深海和深渊区的生物具有应对高压、食物稀少等令人惊叹的生存技能，丰富的基因资源蕴藏着无限的可能。

我国是海洋生物多样性最为丰富的国家之一，具有丰富的海洋生态系统类型，珊瑚礁、盐沼、海草床、红树林、河口、海湾、牡蛎礁和滩涂湿地等典型生态系统均有分布。渤海的辽河口湿地，分布有全国面积最大的碱蓬，是我国著名的红海滩。黄海的江苏滨海湿地由沿海滩涂和南黄海沙洲群两部分组成，是我国最大的沿海连片湿地，同时也是东亚—澳大利西亚候鸟迁飞路线的重要停歇点。东海的舟山渔场岛礁密布，是我国最著名的渔场之一。南海的东沙群岛、西沙群岛、中沙群岛、曾母暗沙、南沙群岛和黄岩岛，拥有我国最为繁盛的珊瑚礁资源。多样化的生态系统支撑了斑海豹、中华白海豚、中国鲎等众多珍稀物种以及生物资源，也为经济社会发展提供了难以估量的海洋生态服务功能。

（二）可持续发展是海洋强国的基石

面对高强度人类活动和气候变化等多重压力，海洋生态破坏现象仍时有发生，海洋生态系统的结构受损、功能退化、服务减弱等问题较为突出，海岸带生态系统退化趋势尚未得到根本扭转，对海洋可持续发展构成严峻挑战。一是自然岸线锐减，海岸防护能力降低，与20世纪70年代相比，自然岸线减少超过50%，海岸侵蚀呈现普遍性、延续性。二是滨海湿地面积萎缩，红树林面积、造礁石珊瑚覆盖率、海草床盖度也显著降低，近海渔业资源衰退严重，生物多样性面临严重威胁。三是近岸海域生态灾害多发频发，部分河口海湾污染依然严重，有害藻华、水母旺发等灾害性生态异常现象频频出现，互花米草成为最突出的入侵物种。四是全球气候变化加剧海洋生态问题，海洋酸化、珊瑚礁白化等日益严重，沿海海平面加速上升，威胁海岸带生产生活安全。

海洋生态文明建设的核心在于“形成并维护人与海洋的和谐关系”，既不是人类社会的进步与发展完全依赖于海洋的原本状态，也不是海洋的发展变化完全服从于人类自身发展的需要，而是人的全面发展与海洋的平衡有序之间的和谐统一。如何落实“绿水青山就是金山银山”的理念，是我们必须面对的重大挑战，陆上人类活动的用海或海洋产业本身，都在利用海洋的生物、非生物资源或空间资源，而这些资源都与海洋生态有着紧密的联系，无法割裂。我们要理解海洋生态的特殊性、重要性，合理保护海洋生态，对已受到破坏的生态系统的关键环节进行修复，可持续利用海洋资源，构建人海和谐的美丽海洋。

二、国家公园为主体的海洋自然保护地体系

（一）大力开展海洋自然保护地建设

海洋自然保护地是我国海洋生态系统中最重要、最精华、最基本的部分，是改善海洋生态环境质量和保护海洋生物多样性的最直接、最有效的手段，是开展基于生态系统的海洋综合管理的具体举措，是形成并维护人与海洋的和谐关系的关键纽带，是建设海洋生态文明的核心载体。海洋保护地不仅可以有效维持海洋生态系统结构和过程的完整性，还可以持续提供优美海洋环境、优质海洋产品、优秀海洋文化、优良科教旅游等生态服务，不断增强人民生态福祉并满足人们美好生活需求。

1963年我国建立了第一个海洋自然保护地——大连蛇岛

自然保护区，1980年经国务院批准升级为蛇岛老铁山国家级自然保护区，开启了我国海洋自然保护地的建设和管理进程。2005年，原国家海洋局批准建立了第一个国家级海洋特别保护区——浙江乐清市西门岛国家级海洋特别保护区，海洋特别保护区成为海洋保护地的重要组成。截至2018年底，我国共建立各类各级海洋保护地271处，总面积达12.4万平方千米，约占我国主张管辖海域面积的4.1%，其中包括海洋自然保护地145处。现已初步形成了海洋自然保护区和海洋特别保护区（含海洋公园）相结合、国家级和地方级相联合的海洋保护地体系，保护空间布局逐步趋于合理完善。

（二）不断完善海洋自然保护地网络

海洋自然保护地保护对象覆盖趋于全面。我国海洋幅员辽阔、南北跨度大，物种丰富、生物多样性高，岸线曲折漫长、地理环境和生境类型复杂，已批建的海洋自然保护地以保护和保存具有原始性、多样性、典型性、珍稀性的自然区域和生态系统为目标，初步形成布局基本合理、类型相对齐全、功能渐趋完善的海洋自然保护地体系。保护对象涵盖珊瑚礁、红树林、海草床、滨海湿地、海岛等海洋生态系统，斑海豹、中华白海豚、海龟、鸟类等海洋生物物种，以及海滨地质地貌、海底古森林等海洋自然遗迹和非生物资源，基本保护了我国海岸带及海洋中大部分珍稀濒危生物、重要生态系统和典型自然遗迹。

海洋自然保护地不断提供优质生态产品。如宁德官井洋大黄鱼繁殖省级保护区等以重要海洋生物资源为保护对象的保护地，保护了鱼类、贝类、藻类、甲壳类、海珍品等重要渔业资源，为人民群众提供了大量优质蛋白，有效保障了渔业生态产品持续供给能力。海南三亚珊瑚礁国家级自然保护区等以重要海洋生态系统为保护对象的保护地，在调节气候、净化环境、保护海岸、抵御灾害等方面发挥着重要的作用，有效保卫了沿海人民群众的生命财产安全。福建深沪湾海底古森林遗迹国家级自然保护区等重要非生物海洋资源的保护地保护了贝壳堤、牡蛎礁、海底古森林遗迹等，为全社会提供了科研教育、旅游休闲等公共服务。

海洋自然保护地社会宣教功能不断加强。国家级海洋自然保护区充分发挥其保护区宣传教育功能，广泛向社会开展相关法律法规、海洋科普知识、海洋生态保护等方面的宣教，持续提高社会公众关心海洋、热爱海洋、保护海洋的意识。我国积极开展政府、部门、科研机构间的海洋保护合作和行动，不断加强在跨界保护、迁徙廊道、旗舰物种、应对气候变化、生物基因技术等领域的合作。浙江南麂列岛和广西山口红树林国家级海洋自然保护区经联合国教科文组织批准，先后加入联合国“人与生物圈”保护区网络。通过与其他各国政府、部门、科研机构间开展科技文化和宣传教育等方面合作交流，借鉴了成功经验、建立了合作平台、完善了合作机制，同时也宣传了我国保护优先理念、彰显了大国责任与担当，持续推动构建海洋命运共同体。

（三）深入推进海洋自然保护地改革

2019年6月，中央办公厅、国务院办公厅印发《关于建立以国家公园为主体的自然保护地体系的指导意见》，深入推动自然保护地管理改革，集中解决自然保护地重叠设置、边界不清、保护与发展矛盾突出等问题，对自然保护地进行科学分类，以国家公园为主体、自然保护区为基础、各类自然公园为补充，归并相邻保护地，整合交叉重叠保护地，拓展原有保护地范围，强化自然生态系统原真性、整体性、系统性保护。

建立以国家公园为主体的自然保护地体系是党的十九大提出的重大改革任务，是贯彻习近平生态文明思想、推进美丽中国建设的重大举措。作为自然保护地体系中的重要组成部分，海洋自然保护地是实施陆海统筹的绿色发展和生态保护战略的重要载体，也是自然保护地分类体系中最具复杂性和系统性的独特类型。沿海省（区、市）正在积极开展海洋自然保护地优化整合，扩大海洋自然保护地“上溯”“下海”范围，维护珍稀、特有物种索饵场、产卵场、越冬场、洄游通道，构建形成以自然保护地为核心节点，以生态廊道为纽带的生物多样性保护网络，更加有力地保护了物种栖息地连通性和海岸带生态系统完整性。

三、尊重自然的海洋生态修复

（一）落实生态修复新使命

我国的海洋生态系统修复工作开始于20世纪50年代，党的十八大以前，海洋生态系统修复工作以单一生境、小规模生态修复项目为主，主要开展局部的红树林、珊瑚礁、海草床、砂质海滩修复，以及岸线环境整治等，虽数量众多但缺乏系统性规划，顺应自然的修复理念尚未形成。党的十八大以后，伴随着科学化、系统化修复理念和实践的兴起，海洋生态修复逐步从海湾环境综合整治走向基于自然的海洋生态保护修复新时代。2018年，《中共中央关于深化党和国家机构改革的决定》赋予自然资源部“统一行使全民所有自然资源资产所有者职责”，“统一行使所有国土空间用途管制和生态保护修复的职责”，统筹做好国土空间生态保护修复，是党中央赋予的新的重要使命。

山水林田湖草海是生命共同体，相互依存，相互影响，生态保护修复也是一项长期、系统、基础的工作，需要全方位、全过程开展，海洋生态保护修复是破解当前海洋生态环境问题的利刃，建设美丽海洋的必然要求，保障海洋生态安全的必要环节，为人民群众提供海洋生态产品的重要手段。近年来，在习近平生态文明思想的引领下，各级自然资源管理部门转换创新，推动海洋生态保护修复工作理念重塑、业务重构、力量重组，集成各方力量，强化规划引领，实施重大工程，落实修复任务，压实管理责任，释放政策红利，形成激励机制，努力形成海洋生态保护修复的新局面。

（二）不断强化规划引领

经中央全面深化改革委员会第十三次会议审议通过，2020年6月，国家发展改革委、自然资源部联合印发了《全国重要生态系统保护和修复重大工程总体规划（2021—2035年）》。这是党的十九大以来，国家层面出台的第一个生态保护和修复领域综合性规划，明确了以“三区四带”为核心的全国重要生态系统保护和修复重大工程总体布局，并部署了包括海岸带生态保护和修复重大工程在内的九大工程。这是新时代国家层面推进生态保护和修复工作的基本纲领，为促进自然生态系统治理体系和治理能力现代化提供了重要抓手。《海岸带生态保护和修复重大工程建设规划（2021—2035年）》将进一步细化和推动海岸带生态修复总体布局的具体落实。与此同时，各地海洋专题的生态保护修复规划编制工作已陆续启动。自上而下的规划引领，将有助于推动入海河口、海湾、滨海湿地与红树林、珊瑚礁、海草床等多种典型海洋生态系统的保护和修复，恢复退化的典型生境，加强候鸟迁徙路径栖息地保护，促进海洋生物资源恢复和生物多样性保护，提升海岸带生态系统结构完整性和功能稳定性。

（三）统筹实施海洋生态修复

“十三五”期间，自然资源部组织沿海各省（自治区、直辖市）实施了“蓝色海湾”整治行动、渤海综合治理攻坚战行动计划、红树林保护修复专项行动计划等重大工程，全国整治修复岸线1200千米、滨海湿地2.3万公顷，治理区域海洋生态质量和功能得到明显改善。“十四五”期间，将按照陆海统筹、河海联动的理念，深入推进海岸带生态保护和修复重大工程，重点提升黄河三角洲、长江三角洲、粤港澳大湾区、海南岛等国家重大战略区域海洋生态系统质量和稳定性，计划整治修复海岸线400千米、滨海湿地2万公顷。

其中，“蓝色海湾”整治行动以“水清、岸绿、滩净、湾美”为目标，重点修复受损海湾及毗邻海域和其他受损区域，实施主体为各地方政府。自实施以来，分别于2016年、2019年确定并支持28个地市开展海洋生态修复，投入中央奖补资金共81.6亿元，累计整治修复超过200千米海岸线，13000公顷滨海湿地，开展14座生态岛礁建设。通过岸线整治修复，各项目实施区域侵蚀岸段得到了修护和加固，部分土堤改造为生态护岸，提升了生态景观多样性和美感，海岸线的生态服务功能进一步提升，砂质岸线的修复为当地发展休闲旅游、振兴乡村建设注入活力。通过滨海湿地修复，海湾、潟湖水动力环境得到较大改善，阻碍湿地生态功能的养殖设施得到清理，被围海区域纳潮能力得以重建，部分区域近岸海水水质也获得了改善。红树林、盐沼等湿地植被因地制宜的种植，提升了滨海湿地的稳定性和群落生物多样性。

四、海洋生态与双碳目标的实现

（一）加快海洋助力碳中和目标推进

在全球积极应对气候变化的背景下，国家主席习近平在2020年9月第七十五届联合国大会一般性辩论中，提出中国二氧化碳排放力争于2030年前达到峰值，努力争取2060年前实现碳中和。“双碳”目标的设定是我国对自然生态的郑重承诺，也是我国在应对气候变化、绿色低碳发展领域的重要指导方向。海洋每年从大气吸收约23%的人为排放二氧化碳，在减缓全球气候变化和碳循环过程中起着至关重要的作用。2019年《联合国气候变化框架公约》第25次缔约方大会指出，加强海洋应对气候变化减缓和适应行动，将对大气环境与海洋生态产生长远而积极的影响。因此，发展海洋碳汇是我国实现“碳达峰、碳中和”目标的重要基础。

基于第三次全国国土调查、海岸带生态系统现状调查等工作，目前已初步摸清了我国红树林、海草床、盐沼等蓝碳生态系统现状，对碳汇家底进行了估算。全国蓝碳生态系统调查评估试点与碳汇技术标准研发工作正有序推进，相关数据及方法学将为量化我国温室气体减排国家自主贡献及温室气体清单编制工作提供有力支撑。海洋碳汇将成为拓展蓝色低碳经济、保护海洋生态、减排增汇、促进可持续发展、助力“双碳”目标的重要手段。

（二）持续提升海洋生态系统碳汇能力

党的十八大以来，我国就海洋碳汇工作作出一系列部署，《中共中央国务院关于加快推进生态文明建设的意见》明确“增加森林、草原、湿地、海洋碳汇等手段，有效控制温室气体排放”；《全国海洋主体功能区规划》提出“积极开发利用海洋可再生能源，增强海洋碳汇功能”；国务院《“十三五”控制温室气体排放工作方案》提出“探索开展海洋等生态系统碳汇试

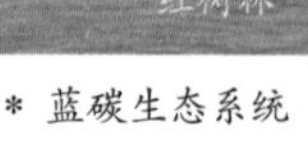
* 蓝碳生态系统

点”；《中共中央国务院关于完善主体功能区战略和制度的若干意见》提出“探索建立蓝碳标准体系及交易机制”。2021年3月，习近平总书记在中央财经委员会第九次会议上进一步要求把碳达峰、碳中和纳入生态文明建设整体布局，要提升生态碳汇能力，强化国土空间规划和用途管控，有效发挥森林、草原、湿地、海洋、土壤、冻土的固碳作用，提升生态系统碳汇增量。

“十四五”是碳达峰目标的关键期、窗口期，各级自然资源管理部门正在按照中央财经委第九次会议精神，从新发展理念和系统观念出发，加快建立生态系统碳汇监测核算体系，科学评估海洋增汇能力；优化海洋国土空间保护和利用布局，提高自然资源配置效率；系统推进生态系统保护修复，提升生态系统质量与稳定性；健全生态保护补偿机制，扩大海洋生态产品供给；研发渔业碳汇、深海碳封存等固碳增汇技术，拓展海洋人工增汇潜力，推动海洋碳汇助力碳中和战略实现。

（三）探索海洋生态产品价值实现

党的十九大报告提出，要提供更多优质生态产品以满足人民日益增长的优美生态环境的需要，这为更好推动生态文明建设指明了方向和路径。我国海域面积广阔，海洋资源极其丰富，但开发利用层次总体不高，探索政府主导、企业和社会各界参与、市场化运作、可持续的海洋生态产品价值实现路径，既是践行海洋可持续发展和生态文明建设的重要举措，更是作为全球生态文明建设的重要参与者、贡献者、引领者的当代中国为有效应对气候变化、构建人类命运共同体所作出的重要贡献，具有重要的理论意义和迫切的现实需求。

近年来，沿海地方积极探索开展海洋生态产品价值实现路径，如广西积极推动红树林蓝碳经济技术研发与示范基地建设，探索“红树林生态农牧场”研究工作，推动生态保护与养殖经济协同发展；山东威海开展了大叶藻滨海生境修复项目，开发了系列盐生植物衍生产品，推动经济藻类生态产品市场化推广；深圳大鹏新区率先开展海洋碳汇核算方法研究，编制《海洋碳汇核算指南》，对促进海洋资源价值转化提供科学依据；广东湛江红树林造林项目获得核证碳标准（VCS）和气候、社区和生物多样性标准（CCB）的认证，并通过自愿交易渠道获得收益，对推动蓝碳市场交易具有示范引领意义。随着海洋生态系统服务价值评估研究的不断深入，政府和社会资本合作（PPP）等投融资机制及碳交易市场规则的不断完善，将有效提升海洋生态产品供给能力，有效发挥海洋碳汇价值转化，实现海洋经济高质量发展。

五、宜居、宜业、宜游的生态海岸带

（一）推进生态海岸带建设

海岸带作为陆地和海洋间的过渡地带，承载着来自陆海的双重污染和开发压力。对我国来说，海岸带是推动海洋高质量发展的战略要地，是实现可持续发展的重要空间和资源保障。为此，必须要妥善处理好沿海经济社会发展和海洋生态环境保护之间的关系，要建设好生物多样性丰富、典型生态系统稳定、岸滩清洁、自然环境优美、人工设施生态化程度高，海岸带生态系统良性循环，生态安全屏障功能有效发挥，优质生态产品持续供给，自然资源合理利用的人海和谐共生的生态海岸带。这是建设海洋强国的应有之义，也是推进海洋生态文明建设的目标要求，关系人民福祉。

建设生态海岸带，应立足新发展阶段，坚持新发展理念，以全面提升海岸带生态安全屏障质量、促进海岸带生态系统良性循环和自然资源永续利用为目标，以河口、海湾、海水、海岛、海滩、海岸一体化生态保护建设为主线，正确处理人与自然关系，着力解决海岸带突出生态问题，统筹保护、修复、治理、管控等措施，科学布局和优化实施重大保护修复工程，稳步实现“水清、岸绿、滩净、湾美、物丰”目标，带动海岸带区域绿色高质量发展，实现人海和谐。

生态海岸带的建设发展不仅限于海洋生态环境的保护修复，还在于全面提高海洋资源利用效率，营造陆海统筹的海岸带可持续发展格局。通过规划将海洋保护与开发基本格局在各级国

* 鼓浪屿

土空间规划中落位，通过全国和省级海岸带综合保护与利用规划，优化空间功能布局，严格管控利用浅海近岸，有序利用深水远岸，提升各类海洋空间资源供给能力。推进陆海深度融合、协同有序发展，落实以人民为中心的规划思想，让人们在享受海岸带高质量发展的同时，仍然能够望得见山，看得见海，记得住乡愁。

（二）强化生态保护底线约束

生态保护红线制度是我国特有的生态保护制度。2011年10月《国务院关于加强环境保护重点工作的意见》中提出“在重要生态功能区、陆地和海洋生态环境敏感区、脆弱区等区域划定生态红线”，这是“生态红线”的概念首次在国家政策文件中出现。2019年10月中共中央办公厅、国务院办公厅印发《关于在国土空间规划中统筹划定落实三条控制线的指导意见》，明确了生态保护红线是指在生态空间范围内具有特殊重要生态功能、必须强制性严格保护的区域。

划定并严守生态保护红线对维护我国海岸带生态安全，推动海洋经济绿色发展，具有重要意义。改革开放以来，我国持续几十余年的高速增长，海岸带空间和政务资源作出了重要贡献，城镇化、工业化的快速推进使得大量滨海湿地被占用，局部近岸海水水质污染严重，濒危物种重要栖息地不断被侵占，近岸渔业资源日渐贫瘠。海洋尤其是海岸带生态系统保护任重道远，划定海洋生态保护红线势在必行。

2019年以来，我国开展海洋生态保护红线评估调整，通过构建和应用海洋资源环境承载能力与国土空间开发适宜性评价技术，为海洋生态红线评估调整提供了关于生态重要性空间分布的科学参照。调整后的红线将绝大部分红树林、珊瑚礁、海草床、生物多样性保护优先区域、重点保护物种栖息地纳入其中，落实最严格的生态保护制度，强化底线约束，保障生态安全。

海洋生态保护红线类型

序号	海洋生态保护红线类别
1	红树林
2	珊瑚礁
3	海草床
4	重要河口
5	重要滨海盐沼
6	重要滩涂及浅海水域
7	珍稀濒危物种集中分布区
8	重要渔业资源产卵场
9	特别保护海岛
10	海岸防护极重要区
11	海岸侵蚀及沙源流失极脆弱区

（三）勾画人海和谐空间格局

在“多规合一”的背景下，系统安排海洋空间基本格局，海洋生态和开发利用空间在各级国土空间规划中传导落地。立足陆海统筹，设立海岸带综合保护与利用规划，指导海岸带一体化保护和协同发展。

按照中央关于“多规合一”的改革要求，2019年5月印发的《自然资源部关于全面开展国土空间规划工作的通知》，明确要求各地不再新编和报批主体功能区规划、海洋功能区划等。海洋“两空间内部一红线”成为贯彻落实“多规合一”要求，着眼国土空间规划体系建设的需要，对海洋空间基本格局划定的顶层设计和系统性安排。海洋两空间即海洋生态空间和海洋开发利用空间，在海洋生态空间内部划定海洋生态保护红线，海洋生态空间内海洋生态保护红线外限制开发，对海洋开发利用空间加强有效管控，适度留白。

海洋“两空间内部一红线”基本格局正在各级国土空间总体规划中传导落地。相关划定技术研究不断完善，充分继承了原有海洋相关规划分区和生态保护红线划定的正确成果，同时坚持问题导向，按照科学、简明、可操作的原则，运用最新数据及评价成果进行优化，做到陆海生态保护红线范围和管控要求更加协调，生态保护与开发利用空间布局相对独立、管控梯度更加鲜明。目前，各沿海省、自治区、直辖市以及相关地市海洋“两空间内部一红线”划定试点工作正在稳步推进。宜居、宜业、宜游的人海和谐海洋保护与开发空间格局正在形成。

海岸带综合保护与利用规划作为国土空间规划的专项规划、陆海统筹的专门安排，正在稳步推进。海岸带综合保护与利用规划旨在推动海岸带一体化保护和协同发展，加快形成节约资源和保护生态的空间格局，推行基于生态系统的海岸带综合管理，推进海岸带空间治理体系和治理能力现代化，构建形成“陆海纵横连通、健康稳定”的海岸带生态安全格局、“陆海相辅相成、协同有序”海岸带开发利用格局、“陆海交相辉映、宜居宜游”的海岸带人居环境格局。力争到2035年，海岸带空间治理体系和治理能力现代化水平显著提升，成为支撑国家高质量发展、引领内外联通开放、彰显美丽中国特质、极具宜居宜业魅力的特色发展空间。

第 7 章

海洋科技

——海洋竞争的核心实力

要发展海洋科学技术，着力推动海洋科技向创新引领型转变。建设海洋强国必须大力发展海洋高新技术。要依靠科技进步和创新，努力突破制约海洋经济发展和海洋生态保护的科技瓶颈。

——习近平总书记在十八届中共中央政治局第八次集体学习时强调（2013年7月30日）

一、海洋科技自立自强是海洋强国建设的战略支撑

当今世界正经历百年未有之大变局，创新成为影响和改变全球竞争格局的关键变量。我国海洋经济已转向高质量发展阶段，对海洋资源开发保护、深海极地探索、海洋装备体系化发展等诸多领域的科技创新提出了更高、更迫切的要求。自立自强的海洋科技实力、具有竞争力的海洋科技创新体系和源源不断的海洋科技创新动力是海洋强国建设的根本保障。

（一）海洋科技创新已成为全球海洋治理关注焦点

提升海洋科技实力已成为世界主要沿海发达国家应对科技革命和产业变革、积极主导和参与全球海洋治理的关键举措和主要途径，通过提升海洋科技创新能力进一步让全人类认识海洋、保护海洋也成为国际组织关注的重点领域。2018年11月，美国国家科学技术委员会（NSTC）发布《美国国家海洋科技发展：未来十年愿景》，这是在2007年制定的《美国未来十年海洋科学路线图——海洋研究优先领域与实施战略》基础之上的延续与提升，明确美国2018—2028年海洋科技发展的迫切研究需求与发展机遇，以及未来十年推进美国国家海洋科技发展的目标与优先事项，以促进美国的安全和经济繁荣，保护海洋环境的可持续发展，该愿景将引导政府、私营企业、学术界和非政府组织在海洋科技方面的长期投资和协调，提出美国国家海洋科技未来十年发展的五大目标是了解地球系统中的海洋、促进经济繁荣、确保海上安全、保障人类健康、建设更有韧性的沿海社区。2014年5月，欧盟委员会推出“蓝色经济创新计划”，以促进海洋资源可

持续开发利用，推动经济增长和促进就业。重点从三个方面着手推进该计划的实施：一是整合海洋数据，绘制欧洲海底地图；二是增强国际合作，促进科技成果转化；三是开展技能培训，提高从业人员技术水平。2020年4月26日，澳大利亚南极科学理事会发布了一项为期十年的《南极科学战略规划》，指出南极在全球层面的重要意义，并提出澳大利亚要确保其在全球南极科研领域的领导地位，该规划不仅列出了三大优先研究领域，包括冰、海洋、大气和地球系统、环境保护与管理、南极洲的人类存在与活动；还强调了数字整合的重要意义，并表示数据收集和分析是科学产出的基础。2017年，第72届联合国大会通过决议，宣布2021—2030年为“联合国海洋科学促进可持续发展十年”，旨在通过激发一场海洋科学的深刻变革，在《联合国海洋法公约》框架下为全球、区域、国家以及地方等不同层级海洋管理提供科学解决方案，以遏制海洋健康不断下滑的态势，使海洋继续为人类长期可持续发展提供强有力支撑，推动《2030年可持续发展议程》的落实。

| 知识链接 |

《联合国海洋科学促进可持续发展十年（2021—2030年）实施计划摘要》主要目标

①一个清洁的海洋，即海洋污染源得到查明并有所减少或被消除。

②一个健康且有复原力的海洋，即海洋生态系统得到了解、保护、恢复和管理。

③一个物产丰盈的海洋，即海洋能够为可持续粮食供

应和可持续海洋经济提供支持。

④一个可预测的海洋，即人类社会了解并能够应对不断变化的海洋状况。

⑤一个安全的海洋，即保护生命和生计免遭与海洋有关的危害。

⑥一个可获取的海洋，即可以开放并公平地获取与海洋有关的数据、信息、技术和创新。

⑦一个富于启迪并具有吸引力的海洋，即人类社会能够理解并重视海洋与人类福祉和可持续发展息息相关。

（二）海洋科技创新是高质量发展的动力源泉

创新是引领发展的第一动力，海洋科技创新驱动是催生海洋经济发展新动能、培育壮大海洋新兴产业、改造提升海洋传统产业的重要动力源泉。正是基于近年来海洋科技能力提升和创新引领，我国在海洋船舶和海洋工程装备制造、港口建设和航运、海洋渔业发展等传统海洋产业领域能够在国际具备竞争力，在海水利用、海洋药物和生物制品、海洋清洁能源等新兴产业领域得到长足进步和快速发展，在海洋生态保护修复、海洋资源有序开发利用、海洋环境治理等生态文明建设领域取得世界瞩目的成绩。同时也需要深刻地认识到，我国海洋科技创新能力还不能很好地适应高质量发展要求，海洋领域基础研究和原始创新有待进一步提升，关键核心技术还受制于人，只有明确和强化海洋科技创新的重要支撑和引领作用，整合各方面力量开展协同攻关，加快提升海洋科技自主创新能力，才能更好地服务海洋经济高质量发展和海洋强国建设。

（三）海洋科技自立自强是统筹发展与安全的客观需求

当前，针对海洋科技领域的国际合作与竞争深刻变化，加之新冠肺炎疫情影响广泛深远，经济全球化遭遇逆流，全球产业链供应链因非经济因素而面临冲击，包括海洋领域在内的国际科技交流合作受到严重影响，我国海洋科技发展的外部形势更加复杂严峻，世界各国聚焦可能取得革命性突破的重大创新领域和颠覆性技术方向持续加大投入，力争在海洋领域新的竞争格局中抢占先机、赢得主动。在这样的背景下，我国亟须进一步强化国家海洋科技创新能力和体系建设，加快在关键核心技术和海洋装备领域取得重大突破，加快实现我国海洋科技自立自强发展，以创新引领保障海洋产业链供应链安全，以创新驱动支撑海洋经济可持续发展，同时也通过在海洋科技领域取得重大原始创新，更好地代表国家参与国际科技竞争合作，为世界科技发展和构建海洋命运共同体贡献更多中国智慧和中国力量。

二、大国重器筑梦深蓝

国与国之间海洋综合实力的竞争，关键是海洋认知能力的竞争，最根本是海洋装备的较量。工欲善其事，必先利其器，一个个国之重器的破海而出，推动着中国不断向海洋强国迈进。

（一）海洋探测装备助力破解深海之谜

浩瀚的海洋约占地球表面积的71%，洋底蕴藏着陆上无法比拟的丰富资源。因此，探索洋底不仅可以提升我们对海洋的认知能力，还能够获得巨大的经济利益，同时提高保障生命安全的能力，海洋探测对我们极为重要。在建设海洋强国的大背景下，“一带一路”倡议稳步推进，深海大洋的探测任务繁重而艰巨，这不仅为海洋探测提出了更高的要求，也带来了前所未有的发展机遇。经过近三十年的技术积累，我国的深海探测技术装备不断突破，先后研发了载人深潜的先驱——“蛟龙”号、代表我国海洋装备国产化最新水平的“深海勇士”号、全海深潜水能力的标杆——“奋斗者”号等，体现了我国在海洋探测高技术领域的综合实力。

|知识链接|

深海探测神器——蛟龙、深海勇士、奋斗者潜水器

【“蛟龙”号】

太平洋的马里亚纳海沟的最深处被称为“挑战者深渊”，这就是海洋的最深处，也是地球的最深极——第四极。它的深度在11000米左右，珠穆朗玛峰比它还要矮上2100多米。2012年6月，“蛟龙”号在马里亚纳海沟创造了下潜7062米的中国载人深潜纪录，也是世界同类作业型潜水器最大下潜深度纪录。“蛟龙”号载人深潜器是我国首台自主设计、自主集成研制的作业型深海载人潜水器，设计最大下潜深度为7000米级，也是目前世界上下潜能力最强的作业型载人潜水器。中国是继美、法、俄、日之后世界上第五个掌握大深度载人深潜技术的国家。在全球载人潜水器中，“蛟龙”号属于第一梯队。“蛟龙”号可在

占世界海洋面积99.8%的广阔海域中使用，对于我国开发利用深海的资源有着重要的意义。

* “蛟龙”号载人潜水器

【“深海勇士”号】

“深海勇士”号是中国自主研制的第二台深海载人潜水器，取名“深海勇士”，寓意是希望它像勇士一样探索深海的奥秘。它的作业能力达到水下4500米，并可从海底实时传输图像。“深海勇士”号的锂电池系统能确保潜水器在4500米的水下连续工作6个小时以上，寿命是常规电池的10倍。潜水器的机械臂长两米，由六个关节和一个手爪组成，可以轻松抓起60公斤重的物体。深海4500米是海洋生物资源和矿藏分布最密集的区域，拥有这个深度的勘探能力，是成为海洋强国的重要标志。此前，全球只有美国、法国、俄罗斯和日本拥有4500米载人深潜技术。

*“深海勇士”号载人潜水器（中新图片供图）

【“奋斗者”号】

2020年6月19日，中国万米载人潜水器正式命名为“奋斗者”号。“奋斗者”号符合时代精神，充分反映了当代科技工作者接续奋斗、勇攀高峰的精神风貌，符合中国载人深潜团队“最美奋斗者”的形象。“奋斗者”号载人潜水器融合了“蛟龙”号及“深海勇士”号两台深潜装备的综合技术优势，采用了安全稳定、动力强劲的能源系统，重要的是“奋斗者”号拥有更加先进的控制系统、定位系统以及更具耐压的载人球舱和浮力材料，无论材料、控制、技术等都大大升级。“奋斗者”号采用中国自主发明的

Ti62A钛合金新材料，建造了世界最大、搭载人数最多的潜水器载人舱球壳。2020年11月10日，“奋斗者”号载人潜水器在马里亚纳海沟成功坐底，坐底深度10909米，创造了中国载人深潜的新纪录。

*“奋斗者”号载人潜水器（中新图片供图）

（二）海洋工程装备提升深海开发能力

海洋工程装备与海洋经济发展密切关联，海洋工程装备的先进性决定了海洋资源开发能力以及海洋产业发展进程。近年来，我国海洋工程装备研发技术日新月异。研发的“蓝鲸1号”代表了当今世界海洋钻井平台设计建造的最高水平，将我国深水油气勘探开发能力带入世界先进行列。自主设计、建造的第六代深水半潜式钻井平台——海洋石油981深水半潜式钻井平台的诞生，标志着中国在海洋工程装备领域已经具备了自主研发能力与国际竞争力。

|知识链接|

标注中国深度的“深海巨兽”
——“蓝鲸1”号、“蓝鲸2”号

【“蓝鲸1”号】

“蓝鲸1”号长117米，宽92.7米，高118米，重达43725吨，甲板面积相当于一个标准足球场大小，从船底到钻井架顶端有37层楼高，7万吨排水量，比“辽宁号”航母的满载排水量还要大。最大作业水深3658米，最大钻井深度15240米，适用于全球深海作业，是全球作业水深、钻井深度最深的半潜式钻井平台。与传统单钻塔平台相比，“蓝鲸1”号配置了高效的液压双钻塔和全球领先的DP3闭环动力管理系统，采用了液压主提升、岩屑回收、超高压井控等大量新技术，可提升30%作业效率，节省10%的燃料消耗，大大提高了平台的“绿色”性能。2017年3月，“蓝鲸1”号启航前往南海神狐海域，开启我国首次可燃冰开采。“蓝鲸1”号首次出海，即实现了中国在可燃冰开采领域“零”的突破，以良好的稳定性抵挡住了12级台风的侵袭，累计采气60万立方米，创造了产气时长和总量的双世界纪录，向全世界展示了“深海重器”的实力。

【“蓝鲸2”号】

“蓝鲸2”号是“蓝鲸1”号的姊妹平台，可抵御15级以上的飓风，可在全球95%的海域作业。尽管“蓝鲸2”号与“蓝鲸1”号整体设计和概念设计基本相同，但“蓝鲸2”号的“内功”在以往基础上大大增强，国产化率由“蓝鲸1”号的40%提升至60%，建造工艺等方面实现重大创新突破，并在试航中完成了国内首次DP3操作模式下的电力系统闭环试验，充分展示了深海海工的中国力量。

* 半潜式钻井平台“蓝鲸2”号（中新图片供图）

海上巨无霸——海洋石油981深水半潜式钻井平台

海洋石油981深水半潜式钻井平台（简称“海洋石油981”）是中国首座自主设计、建造的第六代深水半潜式钻井平台，整合了全球一流的设计理念和装备，是世界上首次按照南海恶劣海况设计的，能抵御200年一遇的台风。“海洋石油981”长114米，宽89米，面积比一个标准足球场还要大，平台正中是五六层楼高的井架。该平台自重30670吨，承重量12.5万吨，可起降西科斯基S-92直升机。作为一架兼具勘探、钻井、完井和修井等作业功能的钻井平台，“海洋石油981”代表了海洋石油钻井平台的一流水平，最大作业水深3000米，最大钻井深度可达10000米。“海洋石油981”选用DP3动力定位系统，1500米水深内锚泊定位，入级CCS（中国船级社）和ABS（美国船级社）双船级。2012年5月9日，“海洋石油981”在南海海域正式开钻，是中国石油公司首次独立进行深水油气的勘探，标志着中国海洋石油工业的深水战略迈出了实质性的步伐。

（三）海洋科考装备扩大海洋认知范围

科学利用海洋资源取决于海洋综合科考能力装备水平。海洋科学综合考察船作为海洋探测与研究的重要平台，其发展水平不仅影响我国海洋科学发展的走向，更直接体现了国家的海洋科技实力。作为中国第三代极地破冰船和科学考察船的代表“雪龙”号已经31次赴南极，6次赴北极，执行科考补给任务，创下了中国航海史上多项新纪录。作为全国渔业资源调查船体系的重要组成部分，蓝海101、蓝海201投入使用后将显著提高我国海洋渔业科学调查装备水平，进一步提升我国对深远海的科研探索能力，为实现渔业可持续发展、落实“一带一路”倡议和海洋强国战略提供重要保障。

|知识链接|

极地精灵——“雪龙”号极地科考船

南极给大多数人的印象是数不尽的浮冰和冰山，那艘号称永不沉没的“泰坦尼克”号巨轮就是在首航遭遇冰山而不幸沉船。随着破冰船的出现，人们不必再担心悲剧重演。顾名思义，破冰船拥有破冰能力，但同时也需具备出色的航海能力。“雪龙”号极地科考船是中国最大的极地考察船，也是中国唯一能在极地破冰前行的船只。“雪龙”号这个名字是中国南极科学考察事业的奠基者和组织者武衡起的名字，“龙”代表中国，“雪”意味着南极的冰雪世界。“雪龙”号长167米，重达11400吨，满载排水量为21025吨，能以1.5节航速连续冲破1.2米厚的冰层（含0.2米雪）。“雪龙”号具有先进的导航、定位、自动驾驶系统，配备了先进的GMDSS通信系统、完善的医疗设施、尖端的海洋科学考察仪器和齐备的生活娱乐设施。船上设有大气、水文、生物、计算机数据处理中心、气象分析预报中心等一系列科学考察实验室。此外，船上还装备了A型架、CTD绞车、3000米水文绞车及两台6000米地

*“雪龙”号极地科考船

质绞车，使之能承担多学科的海洋综合调查。

渔业航母——蓝海101、蓝海201

“蓝海101”和“蓝海201”是农业农村部迄今投资最多、吨位最大、设施最先进的海洋渔业综合科学调查船，也是我国最大的两艘海洋渔业综合科学调查船。其主要承担海洋渔业资源与渔业环境的常规、专项和应急调查监测以及海洋综合调查和研究工作，为我国完善海洋渔业管理制度、科学利用海洋渔业资源、促进渔业可持续发展提供有力的科技支撑。“蓝海101”“蓝海201”调查船操纵灵活，适航性和耐波性较好。船体总长84.5米、宽15米、满载排水量3289吨、续航力达10000海里，配备有国际先进的科学调查系统，技术水平和调查能力达到国内领先、

* 靠泊在码头的“蓝海101”号海洋渔业综合科学调查船（中新图片供图）

国际先进水平，是我国海洋科学研究的“国之重器”，也是“农业现代化标志性工程”之一。

*“蓝海201”号海洋渔业综合科学调查船（中新图片供图）

三、海洋科技创新成绩斐然

（一）环球深潜——海洋科考、海试再上新台阶

完成首次环北冰洋考察。中国第8次北极科学考察队于2017年7月31日进入北冰洋，并于9月23日顺利完成全部考察任务，实现了中国首次环北冰洋科学考察。考察队先后在白令海、楚科奇海、加拿大海盆、南森海盆、阿蒙森海盆、北欧海、拉布拉多海、巴芬湾等海域开展了综合调查，取得了丰硕成果：首次开展多波束海底地形地貌测量，开辟了我国北极科学考察新领域；历史性穿越北极中央航道，首次获取了航道全程第一手资料；首次成功试航北极西北航道，为后续西北航道

的探索积累了有益经验；首次执行北极航道、生态和污染环境的业务化观测，填补了我国在拉布拉多海、巴芬湾海域的调查空白；首次在北极和亚北极地区开展海洋塑料垃圾和人工核素监测。

“向阳红01”船圆满完成中国首次环球海洋综合科学考察。2018年5月18日，“向阳红01”船历时263天，行程38600海里，跨越印度洋、南大西洋、整个太平洋，圆满完成中国首次环球海洋综合科学考察，取得了多项突破性成果：深化认识了印度洋和东南太平洋富稀土沉积的分布范围及成矿规律；摸清了南大西洋热液硫化物的分布范围和规律；首次在南极发现海底热液与冷泉并存现象；首次在南极海域的海水中发现了微塑料；实现了资源、环境、气候三位一体的高度融合，为进一步探索海洋奥秘、拓展海底资源的探查空间、深入开展海洋在全球气候变化中的作用积累了丰富资料。

组织开展马里亚纳海沟多学科万米综合试验并取得一系列原创性成果。我国于2016年1月和9月实施了世界第四极观测系列航次，取得一系列原创性成果：构建了国际上第一个马里亚纳海沟海洋科学综合观测网，成功回收了国际上首套万米综合潜标，获取了长期观测资料；自主研发了万米大体积采水器等设备，获得了水深10500米处400升水样和海沟处沉积物柱状样品；完成了深海Argo、滑翔机和深水高清摄像机等8种自主仪器装备的海上试验。同时，国内十余家海洋研究单位参加了第四极航次，对推动我国深海科学与技术协同创新都具有重要里程碑意义。

在南海首次成功完成深海多金属结核采集系统500米海

试。2018年6月，我国在南海首次成功完成深海多金属结核采集系统500米海试。全面考核了采矿车海底行走和海底作业等39项技术指标，最大作业水深514米。采矿车最大行驶速度为每秒1.31米，单次连续行驶距离2881米，实现了按预定S形和☆形路径作业的自主控制。这一成果具有我国完全自主知识产权，标志着中国深海采矿技术首次由陆地试验走向海洋。

（二）上天入海——海洋装备、海洋工程挑战技术极限

首颗分辨率达1米的高分三号卫星发射成功。2016年8月10日，我国在太原卫星发射中心，用长征四号丙型运载火箭，成功将高分三号卫星送入预定轨道，圆满完成发射任务。高分三号卫星是我国首颗分辨率达1米的C频段多极化合成孔径雷达（SAR）卫星，具备12种成像模式，设计寿命8年，可用于海域环境监测、海洋目标监视、海域使用管理、海洋权益维护和防灾减灾等，并可全天时、全天候、近实时监视监测。高分三号卫星将显著提升我国对地遥感观测能力，能够获取可靠、稳定的高分辨率SAR图像，极大地改善我国天基高分辨率SAR数据严重依赖进口现状，使天基遥感跨入全天时、全天候、定量化、米级的应用时代。

全自动化智能化深远海渔业养殖装备实现了渔业养殖从近海向深海的跨越。全自动化智能化深远海渔业养殖装备“海洋渔场一号”是世界首座、规模最大、自动化程度最高的深海养殖装备，集先进养殖技术、现代化环保养殖理念和世界顶尖海工设计建造技术于一身，是海上养殖的划时代装备。该养殖平台满足300米水深要求，抗12级台风，使用年限25年，实现

了渔业养殖从近海向深海的转变；25万立方米养殖水体，实现了养殖量的历史性突破；最先进的三文鱼智能养殖系统、自动化保障系统和深海运营管理系统，在全球率先实现了“无人养殖”。通过深远海智能化渔业养殖装备研制，构建起完整的知识产权专利体系和标准体系，针对我国海域条件和养殖需求，制定了不同水深、规格、功能的系列化深海渔场方案，从而促进了我国渔业养殖现代化发展。

开创沉管隧道4项世界纪录的港珠澳大桥岛隧工程建成通车。2018年10月23日，中国第一条海上沉管隧道工程——港珠澳大桥岛隧工程建成通车。这一工程是我国建设的第一条外海沉管隧道，是目前世界上规模最大的公路沉管隧道和世界上唯一的深埋沉管隧道。开创了沉管隧道“最长、最大跨径、最大埋深、最大体量”4项世界纪录，取得了多项具有自主知识产权的创新技术。国际隧道知名专家评价，港珠澳大桥沉管隧道超越了之前任何沉管隧道项目的技术极限。

世界最长跨海公铁大桥贯通。2019年9月25日，平潭海峡公铁大桥鼓屿门航道桥成功合龙，标志着世界最长、我国第一座跨海峡公铁大桥胜利贯通。大桥全长16.34千米，全桥钢材用量124万吨，混凝土用量294万立方米，其用钢量和混凝土总方量是迄今为止国内外桥梁之最。桥址所处的台湾海峡是世界上著名的三大风暴海域之一，海域环境复杂，风大、浪高、涌急、波浪力巨大，建设条件恶劣，被业界公认为“建桥禁区”。大桥建设者不断探索，进行多项科研攻关，成功突破建桥禁区。其中海峡环境桥梁深水基础建造技术、常遇大风环境下高塔施工技术、钢桁梁整体全焊及海上架梁成套技术、海洋桥梁工程装备研制等均为海洋工程创新技术。同时，第一次在复杂海域系统性开展风、浪、流等监测预报，极大地推动了我国海上桥梁建造科技进步和发展。平潭海峡公铁大桥胜利贯通，对于今后复杂海域桥梁工程具有重要的借鉴意义，成为我国桥梁建造史上一座新的里程碑。

（三）绿色引领——海洋能源开发取得积极进展

海洋潮流能发电取得领先世界的重大突破。2016年，我国科学家团队历时7年成功研发海洋潮流能发电项目，在世界范围内率先实现了兆瓦级大功率发电、稳定发电、发电并网三大跨越。与国际同行相比，该项目所实现的技术路径在装机功率、发电稳定性、系统可靠性、环境兼容性等方面科技优势明显、应用价值突出、产业前景优秀。该项目有助于解决海岛供电、海岛开发等海洋经济重大问题，有望带动经济体量庞大、产业链延伸广泛、环保价值影响深远的海洋能开发新兴产业。

首次天然气水合物试采成功。2017年，我国在世界上首次实现了资源量全球占比90%以上、开发难度最大的泥质粉砂型天然气水合物安全可控开采，创造了持续产气60天、产气总量30.9万立方米两项世界纪录，取得天然气水合物勘查试采历史性重大突破。试采团队创立的天然气水合物系统成藏理论和“三相控制”开采理论，有力指导了试采目标井位确定和试采方案制订；创新了“地层流体抽取法”小幅降压技术，成功研发了储层改造增产、天然气水合物二次生成预防、防砂排砂3项关键的开采测试技术，实现了天然气水合物全流程试采核心技术重大突破；构建了大气、海水、海底、井下“四位一体”

的立体环境监测网，并确认试采未对周边大气和海洋环境造成影响；实现了我国天然气水合物勘查开发理论、技术和工程由“并跑”到“领跑”的历史性跨越，对促进天然气水合物勘查开采产业化进程、能源安全保障、优化能源结构，甚至对改变世界能源供应格局，都具有里程碑意义。

首次利用水平井技术完成天然气水合物试验性试采。2020年2月17日—3月18日，我国在水深1225米的南海神狐海域全球首次实现水平井钻采天然气水合物，创造了“产气总量86.14万立方米、日均产气量2.87万立方米”两项世界纪录，实现了从“探索性试采”向“试验性试采”的重大跨越。本次试采攻克了深海浅软地层水平井钻采技术装备等世界性难题，自主研发了以水平井为核心的6大类32项关键技术，以深海井口吸力锚为代表的12项核心装备。创新形成了覆盖试采全过程的环境风险防控技术体系，建立了大气、水体、海底、井下“四位一体”环境监测体系，保障了天然气水合物绿色开采。

（四）紧盯前沿——海洋基础研究实现重大突破

首次揭示气候变化驱动北冰洋快速酸化机理。海洋酸化被认为是全球第三大环境问题，给海洋生物的生存带来极大挑战，进而影响到人类的生活和居住环境。北冰洋是生态最脆弱和气候变化最敏感的地区。2017年，我国科学家首次提出全球气候变化驱动着北极酸化水体快速扩张，预估将在21世纪中叶覆盖整个西北冰洋。这一研究成果在《自然气候变化》杂志以封面文章发表，同时刊登了我国“雪龙”号极地科考破冰船在北极海冰区作业时的照片，配发了以“海洋酸化没有边界”为题的新闻和评论。北极快速酸化将损害海洋生物尤其是翼足目类海螺这一北极三文鱼和鲱鱼的重要食物，进而对北极生态系统造成严重影响。

改性黏土治理赤潮技术实现重大突破。赤潮是一种全球性海洋生态灾害，如何有效治理赤潮是一项世界级科技难题。2019年，我国科研人员历时20多年科研攻关，发明了改性黏土治理赤潮的技术与方法，攻克了赤潮治理长期存在二次污染、效率低、成本高、不能大规模应用等技术难题，实现了海洋环保领域重大突破。迄今，该技术已在我国近海20多个水域大规模应用，成功保障了滨海核电冷源等一系列重要水域的水环境安全，产生了显著的社会和经济效益。近年来，该技术又走出国门，在美国、智利、秘鲁等国家示范应用，被誉为“中国制造的赤潮灭火器”“国际赤潮治理领域的引领者”，为国内外赤潮防控作出了突出贡献。

首次解析硅藻捕获、利用光能机理。海洋藻类拥有色彩斑斓的捕光蛋白，其中海洋赤潮的主要“肇事者”硅藻具有岩藻黄素-叶绿素c结合蛋白以捕获蓝绿光和适应快速变化的光环境，使硅藻每年光合固碳的能力占全球生态系统的1/5左右，超过热带雨林的贡献。2019年2月我国科学家在《科学》杂志发表了《硅藻捕获蓝绿光和耗散过剩激发能的结构基础》的长文，解析了硅藻主要捕光天线蛋白的高分辨率结构。这是硅藻的首个光合膜蛋白结构，呈现了岩藻黄素和叶绿素c捕获蓝绿光的结合细节，为研究硅藻的光能捕获、利用和光保护机制提供了重要的结构基础。该成果有助于设计可利用绿光波段、具有高效捕光和光保护能力的新型作物，也为现代化智能植物工厂的发展提供了新方向。

海洋天然气水合物开采流固体产出调控机理研究取得突破。精准刻画储层传热传质机理是制约天然气水合物安全高效开采的前沿科学与技术难题。2020年，我国科研人员创建了天然气水合物储层渗流分形理论与出砂管控理论，揭示了制约海洋天然气水合物中长期开采的储层气—水—砂产出规律耦合机制，实现了海洋天然气水合物开采传热传质基础理论的重大突破，在国际Top期刊上发表学术论文10余篇。基础理论突破有效引导天然气水合物开采技术创新，形成了开采储层流固体产出精准调控技术，构建了集开采效率、环境效应、工程地质风险“三位一体”的天然气水合物绿色开采新方法体系，获得授权国际专利14项（其中美国专利5项）、国家发明专利18项。

揭示下洋壳岩石中深部微生物生存策略。地球深部生命研究取得的重要进展之一是发现了海底洋壳生物圈，目前的研究几乎全部集中于上洋壳表层玄武岩，对占洋壳体积近2/3的下洋壳中的深部生命活动的探索还处于空白状态。IODP360航次对西南印度洋Atlantis Bank的下洋壳进行了钻探，获取了长度为800米的下洋壳辉长岩岩芯，并对栖息于此的微生物生命活动进行了研究。研究人员从这些岩石中检测到了完整的、具有生物活性、可进一步生长发育的微生物细胞。同时，基于转录组代谢途径的构建，发现这些微生物主要依赖于有机大分子再循环利用的异养方式生存，从而揭示了下洋壳岩石中深部微生物的生存策略。该研究证实了下洋壳深部生物圈的存在，拓展了生物圈在地球圈层分布的下限。

四、建立健全自立自强的海洋科技创新体系

面向新时代，必须坚持创新的核心地位，把科技自立自强作为战略支撑，大力发展海洋高新技术，加强海洋科技创新平台建设，打好关键核心技术攻坚战，努力突破制约海洋经济发展和生态保护的科技瓶颈，形成推进海洋强国建设的强劲动能。

（一）强化国家海洋科技力量

全局性谋划海洋科技创新顶层设计和前瞻布局，围绕深海极地探测、深远海资源开发利用、空天技术下海等前沿领域，组织开展重大科技攻关。推进涉海科研院所、高校和企业科研力量优化配置和资源共享，提升海洋科技创新整体效能，优化涉海重大创新平台和基础设施布局，构建国家级、省级、企业级等多层次的创新平台体系，提升青岛海洋科学与技术试点国家实验室建设水平，加强海洋领域国家重点实验室、国家技术创新中心、国家科学数据中心、国家野外科学观测研究站、南极国家试验场等建设，打造海洋科技创新的“国家队”。加强共性技术平台建设，推进海洋调查船、深海潜水器、国家海洋综合试验场、调查监测装备、检测检验设备、中试和定型平台等的共享共用。充分发挥企业在技术创新决策、研发投入、科研组织和成果转化应用方面的主体作用，促进海洋科学技术、人才、资金等创新要素向企业集聚，提升企业技术创新能力。

（二）着力突破海洋核心装备和关键技术瓶颈

强化海洋核心装备和关键技术的自主研发，围绕深水、安

全、绿色、智能等关键领域提升核心竞争力。重点发展海洋观测监测新型传感器、无人智能平台和目标探测识别等技术，形成深海科学探测、油气矿产资源探测和生物基因资源勘探开发等装备谱系化发展。加强超深水钻井平台、超深水半潜式生产平台、天然气水合物开发装备及配套设备等关键核心部件的自主设计制造。加强深远海大型养殖装备及核心配套系统设备、新材料渔船建造等关键技术研发。形成高性能反渗透膜、高压泵、能量回收装置等海水淡化技术装备自主研发制造能力。加强智能船舶、极地船舶等高端船舶制造技术联合攻关。突破海洋能发电、浮式深海风电装备系统集成技术、关键部件设计与制造等瓶颈。加强海洋环境保护、生态修复和重大海洋灾害应对关键技术攻关。增强陆海协同创新能力，推动航空航天技术、生物技术、信息技术、新材料、新能源等创新技术和成果应用于海洋资源保护开发。加强海洋基础性、前沿性和颠覆性技术储备，推进在海洋动力过程、海洋灾害机理、陆海相互作用、海洋生态系统变化规律、海洋碳汇、海底地球动力演化、极地气候变化与生命演化等方向取得原创性突破。聚焦海洋空间利用、生物技术、生命健康、清洁能源、新材料研发、先进装备、深海和极地等科技前沿，超前部署海洋前沿技术和颠覆性技术研发。

（三）建设高水平海洋人才队伍

围绕高层次海洋人才培养目标，不断探索人才培养途径，造就一支具有竞争优势、学科专业齐全的国际一流海洋科学家队伍。通过引导海洋院校优势资源整合、教学科研合作交流等途径，优化科学结构，保持基础学科和传统学科专业，发展技术类和应用类专业，设置跨学科、跨领域的交叉型学科专业，建立门类齐全、互相连贯的海洋学科体系，从整体上不断提升海洋科学家队伍的科研水平和综合能力。

加快海洋科技创新团队建设，以海洋科学家和学科带头人为核心，通过重大海洋科技专项、重点海洋科学研究公关课题、重要海洋业务系统建设等的带动，形成一批具有年龄梯队优势和自主研发能力的海洋科技创新团队。在海洋强国建设的急需领域，引进一批高层次、领军型的创新人才。

围绕海洋工程和海洋装备制造业的巨大需求，大力培养海洋环境监测仪器设备开发、海洋船舶制造、海洋工程装备制造、港口和航道工程、海洋风力发电装备和海水利用装备制造等装备技术人才。建立海洋高技能人才培养的产学研合作培养机制，大力培养海洋调查、海洋试验、海事航运等领域高技能人才。

第 8 章

海洋文化

——讲好海洋故事

当前，以海洋为载体和纽带的市场、技术、信息、文化等合作日益紧密，中国提出共建21世纪海上丝绸之路倡议，就是希望促进海上互联互通和各领域务实合作，推动蓝色经济发展，推动海洋文化交融，共同增进海洋福祉。

——国家主席习近平在集体会见出席中国人民解放军海军成立70周年多国海军活动外方代表团团长时的讲话（2019年4月23日）

一、坚定海洋文化自信

海洋文化是人类在涉海过程中逐步形成的精神的、行为的、社会的和物质文明生活的文化内涵，其本质就是人类与海洋的互动关系及其产物。[1]构建和坚定海洋文化自信，是新时代推动海洋强国建设的重要内容。

（一）海洋地理环境孕育了世界海洋文化

从古至今，不同区域、族群的创造主体，以其丰富多元、恢宏独特的海洋历史实践活动，铸造了风格迥异的人类海洋文化传统。同时，世界范围内的海洋文化传统，在物质形态、社会规范、行为方式和精神观念等层面，表现出共同特征，在许多方面具有相同之处。

海洋文化的开放精神。绝大多数海洋文化，都是随着航海范围与线路的扩大而形成发展的。如欧洲最早的海洋文化——地中海文化，就得益于造船与航海技术支持下的海上贸易。开放的海洋文化，客观上将各大洲、各大洋联系成为一个整体，推动人类文明进入日益频繁的政治、经济、文化交流互动阶段。“以海相通”所承载的开放性，成为海洋文化的核心和首要精神。

海洋文化的协作精神。海上活动具有极高的风险性，在原始状态或较低的科技水平条件下，为了抵抗航行过程的高风险，人类的海上活动必须依靠严密的社会合作和团队协作。19世纪末，日本金毗罗神宫因受海难事故触动而发起“水难救济会”，

1.曲金良：《海洋文化与社会》，青岛：中国海洋大学出版社2003年版，第26页。

奠定了金毗罗不可动摇的海神信仰地位，至今仍在日本海洋文化中具有较大影响力。当前，海上人命安全公约、海洋公共服务产品等新形式进一步塑造了团结协作的海洋文化特征。

海洋文化的竞取精神。海上探索贯穿大航海时代，西方涌现出的哥伦布、麦哲伦等数位航海家，竞相开展环球航行和探险活动。竞先进取的海洋价值观并未随大航海时代的结束而消失，反而随着人类对海洋未知空间的探索而深入人心。20世纪初，数以千计的探险家前仆后继奔赴南北极，涌现出沙克尔顿、阿蒙森、斯科特等人物，史称“英雄时代”。“二战”后，多国先后在极地建立科考站，早期挑战式探险旅行发展成严谨的科学探究。

海洋文化的契约精神。海洋探险和海上贸易在一系列契约的规制下相对自由地开展，随着海上经济活动的日益频繁，原本碎片化的契约逐渐演化成为完整、成熟的国际海洋贸易规则体系。当海洋交往和沟通范围进一步扩大以后，以近代西方世界的民主与法治理念为基础，逐步制定国际海洋法等规则，形成了以《联合国海洋法公约》为基础、海事渔业等相关领域规则为代表的全球海洋治理秩序。

海洋文化的和谐精神。人类走进海洋、利用海洋的历史，反映的是人海间的和谐关系不断调整优化的进程。从日本捕鲸、太平洋岛国土著捕鱼等传统海洋文化，到国家管辖范围以外区域海洋生物多样性保护和可持续利用等新规则酝酿，历经了顺从自然—改造自然—保护自然的海洋价值观变革。当前，海洋资源枯竭和生态环境破坏引起广泛关注，保护海洋成为全球海洋文化的重要宣传主题，成为塑造和谐海洋文化的主要动因。

（二）中华民族的海洋文化基因

自古以来，中华先民就与海洋结下不解之缘。中华民族的海洋文化基因起始于古代沿海居民的海洋采集和海洋捕捞。在依海而居、食海而渔、雕木为舟、结绳为网、煮海为盐、傍海而居、用海而美、卫海而筑、赞海而歌、惧海而祭的过程中，世代流传着河伯望洋兴叹、夸父逐日豪饮、精卫填海泄愤、八仙过海显才等神话传说。

至春秋战国时期，沿海诸国大多以"渔盐之利，舟楫之便"而富甲一方。秦始皇统一中国后，设南海郡，将南海诸岛纳入管辖范围，自此形成了历代王朝对南海区域行使管辖权的事实。秦汉以后，中国在船舶建造、近海捕捞和海上航行等方面取得长足进步。汉代，有了海上丝绸之路，中国的船队自广东或广西出发，至印度和斯里兰卡。唐代，海上丝绸之路兴盛，海外贸易不断发展，东北至日本、朝鲜，南至东南亚、南亚，西至西亚和东非。宋代，海外贸易进一步发展并被纳入政府管理。元代，已进行过数次大规模海上远征，并且随着海上贸易的不断发展，今泉州发展成为东方第一大港。明代初年，中国的造船技术和航海技术达到了世界领先地位，郑和七下西洋遍访30多个国家和地区，远涉红海和非洲东海岸，创造了史无前例的航海奇迹。

在五千年的历史长河中，中华民族远航而交、历海而志、悟海而论、识海而述、走海而商、漂洋为侨，创造出光辉灿烂的海洋文化，留传下徐福东渡播文、鉴真过洋弘法、郑和远航扬威、华侨过海谋生等珍贵的文明财富，形成根植于血脉的海洋文化基因。

|知识链接|

中国海洋文化的类型[1]

海洋农业文化：“得渔盐之利”，开辟渔场、盐田；广西合浦珠民的辛勤劳作与“合浦珠还”的美丽传说；《黄帝内经》《神农本草经》《本草纲目》中的大量关于海洋药物及其功效的记载。

海洋商贸文化：海上丝绸之路的开辟；商舶往来，聚而成市。

海洋军事文化：戚继光和东南沿海人民的抗倭事迹；镇海三总兵和三元里人民的抗英事迹；邓世昌和清军水师的甲午抗日。

1. 刘枫：《要高度重视海洋文化的研究》，《中国海洋文化论文选编》，北京：海洋出版社2008年版，第3—4页。

海洋宗教文化：四海龙王；“海天佛国”普陀山等地的观音信仰；妈祖。

海洋民俗文化：开渔节、沙雕节、鱼灯节，渔歌民谣、传说故事、庙戏小调。

海洋旅游文化：蓬莱仙山觅踪，普陀佛国观光，鼓浪海滩拾贝，天涯碧海畅游，滨海休闲度假、海水浴场、海上钓鱼、海底探险。

海洋体育文化：帆船运动；冲浪运动；沙滩运动。

海洋生态文化：与道合一、与自然化一；四海一家、声教四海。

（三）坚定海洋文化自信，建设海洋强国

党的十九大报告明确提出，“坚持陆海统筹，加快建设海洋强国”。习近平总书记指出，文化是一个民族进步的灵魂，是一个国家兴旺发达的不竭动力，也是中华民族最深沉的民族禀赋，并多次强调坚持文化自信的重要性。海洋文化是中华民族文化体系的有机组成部分，坚定海洋文化自信，是中国推动海洋文化发展的必要条件。

坚定海洋文化自信，有中国悠久的海洋文化历史为基础。一些西方学者曾认为，“西方文明是蓝色的海洋文化，而东方文明是土黄色的内陆文化”，这一论断不符合中国以海为耕、向海而歌的悠久历史。在中国古代，先祖在祭祀时都将河流（陆地）和海洋放在同等重要的位置祭拜，如《礼记·学记》中提到的“三王之祭川也，皆先江而后海”。此外，中国还有世世代代居住在沿海的东夷、百越等部族，创造了独具特色的海洋文化。唐宋元明时期，中国的海上贸易范围不断拓展，不仅促进了沿海和内陆的文化交流，更促进了中华文化和世界各民族的文化交融和互信。这些悠久的海上活动历史和文化传统，正是我们今天坚定海洋文化自信的坚实基础。

坚定海洋文化自信，是推动新时代海洋文化繁荣、建设社会主义文化强国和海洋强国的本质要求。新时代坚定海洋文化自信，需要充分发挥利用中华海洋文化开放包容、自由平等、开拓探索的特性，做到"海纳百川""四海一家""人海和谐"；新时代坚定海洋文化自信，需要在"构建海洋命运共同体"理念的指引下，利用21世纪海上丝绸之路建设的契机，促进中国海洋文化的传播，加强与各国海洋文化的沟通交流，实现"美美与共，天下大同"。

二、传承传统海洋文化

（一）海神信仰

中国先民很早就开始了对海洋的开拓，进而产生了海神信仰。春秋战国时期，《山海经》之《海外北经》《大荒东经》《大荒南经》《大荒北经》中就记录有"人面鸟身"的海神。海神信仰的产生与古时人们认为万物有灵的想法息息相关，那时的人们认为大海由海神主宰，因此最初的海神形象出于自然崇拜，后来逐渐演变为庶民化神祇。在演变过程中，先民的智慧凝结出海神文化的各种传颂方式。

1.四海海神

据神话记载，中国最早的四海海神分别是东海海神禺虢、南海海神不廷胡余、西海海神弇兹、北海海神禺疆。《山海经·大荒东经》曰:“东海之渚中，有神，人面鸟身，珥两黄蛇，践两黄蛇，名曰禺虢。黄帝生禺虢，禺虢生禺京。禺京处北海，禺虢处东海，是惟海神。”这四神的形象大都是人面鸟身，耳朵上戴着蛇，脚下踩着蛇。汉代纬书《龙鱼河图》中又出现另一套四海之王，而且各自还配了夫人，即东海君冯修青，夫人朱隐娥，南海君视赤，夫人翳逸寥，西海君勾丘百，夫人灵素简，北海君视禹帐，夫人结连翘。在《山海经》所描述的时代，人们对海洋的探索和开发还极其有限，因而这一时期的海神信仰是一种较少功利性地对自然的纯粹崇拜。

2.鳞虫化蛇

中国古代沿海先民有着最原始的蛇图腾信仰。与蛇相关的古代神话传说有《鲁灵光殿赋》云“伏羲鳞生，女娲蛇躯”、《帝系谱》云“伏羲人头蛇身”、《淮南子·原道训》云“断发文身，以像鳞虫（即大蛇）”等。[1]不仅如此，近年在江浙沿海地区出土的一些文物上，也可以看到一些陶制瓦罐外部刻有蛇形花纹。

3.四海龙王

龙、蛇本为中国早期传统海神形象，但佛教传入后，其龙王与中国传统海神龙、蛇相融合，成为新的龙神，被认为具有掌管海洋中生灵的权力，在人间司风管雨，并逐渐受到沿海渔民和船户、水手崇拜。唐玄宗天宝十年（751年）正月，朝廷首次对它们进行了册封:“以东海为广德王，南海为广利王，西海为广润王，北海为广泽王。”此时的龙王虽然在外部形象上

1.曹琼:《中国海神形象的演变与海神文化的传播》,《中国港口》2019年第1期。

保有龙蛇的特征，但其内在气质和行为方式却已经人化了。古时先民民智未开，认为龙王只与降水相关，遇到大旱或大涝的年景，百姓就认为是龙王发威惩罚众生，所以龙王在众神之中是一个严厉且有几分凶恶的神。中国东部的广大地区由于多受旱涝灾，民间为祈求风调雨顺，建有龙王庙来供拜龙王。庙内多设坐像，通常只立有一位龙王。海龙神辅佐妈祖管理海洋生灵，是渔民的保护神。

4.观音菩萨

观音菩萨成为海神的原因之一在于其道场在南海普陀山，地缘上与航海者更近，便于临危救难。随着佛教的盛行和航海事业的繁荣，观音菩萨很快便成为泛海者共同信仰的海上保护神，许多海商及入唐求学修行的外国人常到普陀山躲避风浪、烧香拜菩萨，祈祷航程平安。

5.妈祖信俗

在众多的海神信仰、海洋神话与传说中，最具影响力和代表性的当属妈祖信仰。“妈祖信仰临海而生，妈祖精神因海而长，妈祖文化随海而兴”，是具有普遍世界意义的海洋文化。妈祖信仰的诞生与妈祖的原型林默海上救死扶伤的事迹密不可分，经过多年的发展形成了妈祖文化“救助海难、护航渔民”等朴素思想，以及传播海上护航救援思想。妈祖信仰随着海上贸易的盛行而在沿海各地得以迅速传播，成为从事海上贸易的水手和商人们的保护神。世人为歌颂妈祖的崇高精神，供奉其为“海神”“安澜女神”“护海女神”“航海保护神”，祈求保佑平安顺遂。妈祖文化还不断激励中华民族秉持竞先进取的精神走向海洋，中国人“下南洋”就是以妈祖文化为精神支柱而出海谋生的。其后由于乡绅的推动和文人的创作，妈祖信仰的文化影响力日趋增强，甚至得到了帝王的青睐。朝廷通过赐题额和敕封神号的方式将妈祖纳入国家祀典之中，使其逐渐国家化和经典化。经过1200多年的传承与发展，妈祖文化在全球46个国家和地区传播，拥有宫庙上万座，信众3亿多人。2009年，联合国教科文组织决定将“妈祖信俗”列入《人类非物质文化遗产代表作名录》，“妈祖信俗”成为中国首个世界级非物质文化遗产的信俗类项目，表明妈祖精神被世界认可，妈祖信俗也成为人类共同拥有的精神财富。

（二）古代海上丝绸之路

丝绸是中国人对世界物质文化的一项伟大贡献，精美绝伦的丝绸，为人们提供了舒适的衣料和优美的装饰，丰富了人们的生活。在漫长的历史时期，从中国港口发出的货船运送的主要货物，都是海外诸国最为喜爱、需要的丝绸，故而史学家将连接东西方的海上商路称作“海上丝绸之路”。

海上丝绸之路形成于汉武帝时，分为东海航线和南海航线。从中国出发向西航行的南海航线，随着西去的陆上通道逐渐衰落后，成为我国对外贸易的主要商路，是海上丝绸之路的主线。此外，由中国向东到达朝鲜半岛和日本列岛的东海航线，在海上丝绸之路中占次要地位。

东海航线形成的时间较早，早在周代，周武王便派箕子从山东半岛出发到达朝鲜。到了秦汉时期，这条航线开启了中日两国之间的交往历史。唐宋时期，这条航线十分繁忙，仅在唐代，日本就派出遣唐使16次，唐朝也派使回访6次，每次回访人数100—600人不等。据史料记载，唐朝廷对每一批遣唐使均要赠予丝绸，仅贞元十一年（795年）赠给入长安遣唐使的绢就达到1350匹。

南海航线的开通是在汉代，该航线主要以南海为中心，起点是广州和泉州，又称“南海丝绸之路”。这条航线在唐宋时期特别繁荣，此时的广州是南海航线的第一大港。明初郑和下西洋时，中国在海外的航路发展达到了巅峰。令人惋惜的是，郑和下西洋之后明朝廷实施海禁政策，从此中国船队绝迹于印度洋和阿拉伯海，传统的海外贸易市场被其他国家蚕食殆尽，往日繁荣的海上丝绸之路从此在国人的视野中渐渐消失，走向沉寂。[1]

古代海上丝绸之路促进了沿途城市的发展和经济的繁荣，传播的不仅是物质文明，还有精神文化。随着丝绸的远播，中国的食品、香料、药材等也传向了西方，宋元时期，瓷器和茶叶成为重要的输出品。与此同时，远航归来的商船带回了西方的珍宝、药品、染料等。

中国的先进科学技术影响了海外国家，推动了东南亚部分地区民族文明的进步。贸易给中国带来了源源不断的财富，提升了国家的经济实力，中国文化深远影响了世界。

（三）海洋水下文化遗产

自唐代以来，中国沿海地区开发及经海洋与世界的联系不断增强，伴随这一过程，中国沿海地区遗存了种类多样、数量

1.参阅邢声远编著：《丝绸之路的故事》，济南：山东科学技术出版社2019年12月版，第108—111页。

巨大的水下文化文物。

我国十分重视水下遗产保护工作，设有专门研究水下文化遗产的学科——水下考古学。1989年12月，国务院颁发《中华人民共和国水下文物保护管理条例》，首次为水下文物保护提供法律依据。2009年至今，中国加快水下文化遗产区域保护工作的步伐，在宁波、青岛、武汉、福建建立国家水下文化遗产保护基地。2014年6月，国家文物局水下文化遗产保护中心成立，对中国水下文化遗产保护事业进行统筹规划和管理。

30余年来，中国水下遗产保护工作取得长足进展，海洋水下文化遗产的研究领域不断扩大，由水下考古拓展到文物开发利用保护，保护对象也越来越丰富，由沉船及其载物拓展到古港口、古航道、造船厂、海盐业遗址、海战遗址、沿海地区历史文化遗迹、海上丝绸之路遗址等，海域范围也有所突破，由沿岸近海拓展到远海。迄今，中国已在福建、山东、浙江、广东、辽宁、海南等沿海地区获得重大海洋水下考古发现，特别是古近代沉船，如“南海一号”“白礁一号”“三道岗元代沉船”“光华礁一号”“南澳一号”“小白礁一号”“丹东一号”“经远舰”等。

|知识链接|

南海一号

“南海一号”的水下考古工作历时30年，1987年发现古船，2007年整体打捞并移入位于阳江十里银滩的广东海上丝绸之路博物馆“水晶宫”内保存，2014年全面发掘保护，2019年底船舱内文物挖掘完毕。“南海一号”采用了独具特色的整体打捞方法，使用5500吨巨型钢沉箱将800

多年前的古沉船及其船货整体打捞上岸，是中国乃至世界水下考古史上的典范。“南海一号”是目前发现中国海域年代最为久远的古代沉船，其船体较好地被海泥封存，大量精美瓷器和金银器等遗物出水，文物精品达18万余件。“南海一号”的30年可谓我国水下考古学科领域发展，以及我国水下文化遗产保护发展的一个缩影。

（四）海洋传统节庆

中国拥有特色鲜明、内容丰富的海洋民俗文化，海洋传统节庆较多，主要分布在沿海各省市，如妈祖文化节、田横祭海节、山东烟台渔灯节、辽宁龙王塘海灯节、大连长山群岛海钓节、浙江象山开渔节、台湾飞鱼祭、台湾花莲吉安阿美人海祭、台湾台东南王部落海祭、台湾屏东东港镇迎王平安祭典、三亚龙抬头节、三亚疍家文化节、临高渔民文化节、临高渔歌节、潭门南海传统文化节、潭门南海文化节、潭门赶海文化节等，吸引着海内外游客前来参观。

中国海洋节庆具有海陆交融的显著特征，如沿海地区特有的“闹海”“开渔节”“人龙舞”等活动，将沿海居民的生产生活与舞蹈和音乐充分结合。其中融合了造船、捕鱼等具有海洋特色的劳动场景和劳作、祭祀、捕猎等陆上生产活动，充分体现着内陆生产和海洋渔业活动的交融性。

中国海洋节庆是随着历史不断传承的，如在两千年前，山东沿海就产生了日主、月主、阴主、阳主、四时主的神仙文化，继而催生了中国道教文化；在宋朝，东南沿海产生了妈祖文化，形成了中国海洋文化史中最重要的民间信仰崇拜；在北宋时期，广东沿海出现的波罗诞庙会，是现今全国唯一对海神进行祭祀的活动，蕴含了广州最有代表性的传统民俗文化元素。这些海洋民俗文化活动与当地的历史、文化、社会、政治、经济、宗教变迁紧密相连，具有明显的历史传承性。

中国的海洋节庆多以休闲娱乐为基本形式，渔民将大量的渔业生产劳动应用到休闲娱乐活动之中，如放海灯、妈祖出巡、花船舞等，同时彰显着劳动人民吃苦耐劳、拼搏向上的精神。但与其他地区反映艰苦生产劳动过程的民俗文化活动不同，沿海地区自古以来是区域经济文化发展的先驱，其民俗文化活动都是为祭祀丰收、欢度新年、祝贺新婚产生的。[1]

三、弘扬当代海洋文化

（一）21世纪海上丝绸之路上的海洋文化

2013年10月，国家主席习近平在印度尼西亚国会的演讲中首次提出共同建设21世纪海上丝绸之路。他指出，“东南亚地区自古以来就是‘海上丝绸之路’的重要枢纽，中国愿同东盟国家加强海上合作，使用好中国政府设立的中国—东盟海上合作基金，发展好海洋合作伙伴关系，共同建设21世纪海上丝绸之路”。[2]此后，习近平主席出访了多个21世纪海上丝绸之路沿线国家，并邀请世界各国一道共同建设21世纪海上丝绸之路。

1. 李欣：《我国海洋型民俗文化的独特魅力》，《人民论坛》2017年第13期。
2. 习近平：《携手建设中国—东盟命运共同体——在印度尼西亚国会的演讲》（2013年10月3日），《人民日报》，2013年10月4日，第2版。

21世纪海上丝绸之路续写着古代海上丝绸之路的历史价值和文化魅力。《推动共建丝绸之路经济带和21世纪海上丝绸之路的愿景与行动》提到，“千百年来，‘和平合作、开放包容、互学互鉴、互利共赢’的丝绸之路精神薪火相传，推进了人类文明进步，是促进沿线各国繁荣发展的重要纽带，是东西方交流合作的象征，是世界各国共有的历史文化遗产”，并提出传承和弘扬丝绸之路友好合作精神，寻求民心相通。[1]“国之交在于民相亲，民相亲在于心相通。”21世纪海上丝绸之路倡议提出七年多来，中国“民心相通”工作稳步推进，发布《中国社会组织推动“一带一路”民心相通行动计划（2017—2020）》，签订若干文化旅游合作文件，建立世界旅游联盟等交流平台，推动文化交流、互鉴与融合，强化海丝文化认同与共识，取得明显成效。[2]

21世纪海上丝绸之路彰显着新时代建设海洋强国、实现中华民族伟大复兴的当代价值和时代使命。为共筑和繁荣21世纪海上丝绸之路，国家发展改革委、国家海洋局于2017年6月发布《“一带一路”建设海上合作设想》，强调，中国高度重视21世纪海上丝绸之路建设，相继举办21世纪海上丝绸之路博览会、海上丝绸之路国际艺术节、世界妈祖海洋文化论坛等一系列以“21世纪海上丝绸之路”为主题的活动，对增进理解、凝聚共识、深化海上合作发挥重要作用，并致力于弘扬妈祖海洋文化，推进世界妈祖海洋文化中心建设，促进海洋文化遗产保护、水下

1.参阅国家发展改革委、外交部、商务部2015年3月发布的《推动共建丝绸之路经济带和21世纪海上丝绸之路的愿景与行动》。

2.王亚军:《民心相通为“一带一路”固本强基》,《行政管理改革》2019年第3期。

考古与发掘等方面的交流合作，与沿线国互办海洋文化年、海洋艺术节，传承和弘扬21世纪海上丝绸之路友好合作精神。迄今，中国已成功举办两届“一带一路”国际合作高峰论坛以及2020年“一带一路”国际合作高级别视频会议，秉承“共商、共建、共享”原则，推进21世纪海上丝绸之路建设，致力于打造政治互信、经济融合、文化包容的海洋命运共同体。

（二）当代海洋精神

海洋精神是中国海洋文化的精神基因，是中华民族创造的宝贵财富。在当代，海洋经济的发展、海洋科学技术的进步，都离不开海洋精神的强大支撑。长期的海洋生产生活，使沿海人民积累了丰富的探索海洋、经略海洋的经验，形成各具地域文化特质的海洋精神。“爱国爱乡、海纳百川、乐善好施、敢拼会赢”的福建精神，“求真务实、诚信和谐、开放图强”的浙江精神，都富含着中华民族海洋精神的积淀和智慧的结晶，也成为促进地方经济快速发展的精神动力和价值引导。在走向深远海、开展科学考察的进程中，中华儿女铸就了“爱国、求实、创新、拼搏”的南极精神、“严谨求实、团结协作、拼搏奉献、勇攀高峰”的深潜精神，推动中国海洋事业取得举世瞩目的辉煌成就。在当代海洋精神的引领下，一代代人投身海洋事业，同时也涌现出大批优秀的海洋工作者和先进集体，为海洋事业发展、海洋强国建设献力献智、攻坚克难、砥砺前行，很好地诠释了当代海洋精神。

（三）海洋文化宣传

2008年，第63届联合国大会决定将每年的6月8日确定为“世界海洋日”；自2021年起，中国于每年的6月8日围绕不同主题举办“世界海洋日暨全国海洋宣传日活动”，成为宣传海洋文化的重要平台。2011年，世界海洋日暨全国海洋宣传日主场活动在大连举行，中国海洋学会和中国太平洋学会共同主办“辛亥百年，兴海强国”学术交流会，呼吁在新的历史时期，继承和发扬孙中山爱国、革命、兴海和进步的精神，为实现“兴海强国”目标携手共进。2014年，世界海洋日暨全国海洋宣传日主场活动在福建福州举行，活动主题为“建设海上丝路，联通五洲四海”，举行“海上丝路——过去和现在”摄影图片展等活动，展现共同建设21世纪海上丝绸之路的巨大成就，展望“和平发展，互利共赢”的美好愿景。2005年，国务院批准将7月11日确定为“中国航海日”，每年郑和纪念馆、船舶展览馆的开放以及相关航海文化论坛的举办，助力“通海裕国、经略海洋、讲信修睦、协和万邦”的郑和航海文化在当代继承与发扬。2019年，中国建成国家海洋博物馆并面向公众开放，成为全方位宣传海洋文化的重要窗口，进一步促进海洋观念深入人心。

（四）海洋文化传媒

在建设海洋强国、推进21世纪海上丝绸之路建设的时代背景下，中国充分利用传统媒体和新兴媒体，讲好中国海洋故事、传播好中国声音。先后创办《海洋世界》《中国海洋报》等期刊报纸；成立海洋出版社，出版海洋文化相关书籍近百部。面向青少年，还出版了众多科普读物，如国防大学出版社《中国青少年科普丛书：海洋奥秘一本通》、长江少年儿童出版社《“一带一路”青少年普及读本：21世纪海上丝绸之路》、广东科技出版社《海上丝绸之路青少年科普丛书》等。此外，中国以“海洋文化”“海上丝绸之路”“妈祖文化”为创作母题，拍摄了《走向海洋》《海上丝路》《海上丝绸之路》《穿越海上丝绸之路》《妈祖》《妈祖回家》《林默》等多部纪录片和影视作品，展示和传播了生动、丰富的海洋文化和海洋知识。随着新媒体发展，人们越来越多地通过短视频平台、微博、微信等新兴方式了解海洋文化和海洋故事，全民海洋意识与素养得到提升，推动了海洋文化融合与民心相通。

（五）海洋文化申遗

作为世界海洋文明的东方起点，中国拥有丰富多元的海洋文化历史遗产，是海洋文化的历史积淀。2016年1月，《全国海洋文化发展纲要》提出，开展海洋文化遗产调查，提高海洋文物和海洋非物质文化遗产的保护能力，创新海洋文化遗产保护传承方式，拓展海洋文化遗产传承利用途径。作为21世纪海上丝绸之路的核心区，福建致力于传承悠久灿烂的海丝文化，保护古老丰富的海丝文化遗存，充分体现和发挥海丝文化所特有的当代价值。2021年7月25日，福建泉州申遗成功，为保护泉州宝贵的海丝文化遗产添砖加瓦。

| 知识链接 |

福建泉州申遗成功

2021年7月25日，在第44届世界遗产大会上，“泉州：宋元中国的世界海洋商贸中心”正式成为中国第56处世界遗产。

泉州古称刺桐城，历史悠久，周秦时代就已开发，宋元时期为“东方第一大港”，被马可波罗誉为“光明之城”，是国务院首批历史文化名城。泉州是古代海上丝绸之路的起点，历经千年，宋元中国世界海洋商贸中心遗存在泉州得到精心呵护，活化利用。进入新时代，“一带一路”倡议赋予这些遗存新的活力，也给泉州带来新的机遇。

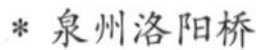

＊泉州洛阳桥

＊泉州市舶司遗址

四、提升全民海洋意识

（一）完善海洋教育宣传工作机制

2016年，国家海洋局会同教育部、文化部、国家新闻出版广电总局、国家文物局联合印发《全民海洋意识宣传教育和文化建设“十三五”规划》，对海洋教育宣传工作作出了重要部署。

目前，中国海洋教育体系初步形成。中小学海洋意识教育教材在部分地区试用，开展海洋教育的高校有20多所，海洋科普教育基地和海洋意识教育基地遍布各地。海洋文化宣教工作取得显著成果。涉海政府机关借助网站、微博、微信公众号等平台大力宣传海洋工作，涉海议题不断获得社会关注，加深了公众对海洋事务的了解。但是，中国公众的海洋意识发展不平衡，地区差异较大。据调查，北京、天津以及江苏、上海、浙江、广东、海南等沿海地区公众的海洋意识指数较高，内陆地区，尤其是西部地区公众的海洋意识有待提高。[1]

为建立全方位、多层次、宽领域的全民海洋意识宣传教育和文化建设体系，需要将海洋教育宣传工作纳入中央和地方的宣传思想教育工作体系和精神文明建设体系，健全相关规章制度。[2]统筹协调各级政府、有关部门、社会团体的力量，海洋意识教育基地和海洋科普基地建设深入内陆，逐步扩大海洋知识在中小学教学中的比重，加强对中小学教师的海洋知识培训。依托各类媒体，加大海洋新闻传播力度，扩大受众范围，拓展传播边界，健全公众参与渠道。

（二）全面实施学校海洋意识教育

2015年以来，我国以海南省、厦门市、青岛市的中小学为试点推行海洋知识“进教材、进课堂、进校园”政策。由国家海洋局宣传教育中心编制海洋意识教育教材《我们的海洋》小学低年级版、小学高年级版、初中版和高中版。教材采用循序渐进的方式，介绍海洋地理、海洋历史、海洋生物、海洋资源、

---

1. 国民海洋意识发展指数课题组：《国民海洋意识发展指数报告（2017）》，北京：海洋出版社2019年版。
2. 王宏：《增强全民海洋意识　提升海洋强国软实力》，《人民日报》，2017年6月8日，第15版。

海洋经济、海洋科技、海洋权益、海洋文化、海洋政策等内容。

教育部要求中小学地理课程增加海洋意识教育内容。目前，人教版、鲁教版、中图版、湘教版地理教材体现了海水循环、海水淡化、海洋权益与海洋发展战略、南海诸岛与钓鱼岛及其附属岛屿、海洋空间资源与国家安全、海洋灾害相关内容。而且，在世界海洋日暨全国海洋宣传日等海洋相关纪念日，组织中小学生开展以海洋为主题的文艺活动，加强海洋知识“进校园”。此外，近年各院校纷纷开设海洋学科，增加涉海课程，培养具有高水准海洋意识的人才。

为提升全民海洋意识，在示范校建设取得经验的基础上，需要全面推行“进教材、进课堂、进校园”政策，开展海洋通识教育。全国中小学统一颁发海洋意识教育教材，地理、历史、政治、思想品德等课程中增加海洋意识教育内容。在高校开设海洋意识教育公共课，作为本科生选修课程。由此形成海洋意识教育体系，增强学生海洋强国使命意识和责任意识。

（三）大力开展海洋科普基地建设

教育部通过实施《蒲公英行动计划（2016—2017）》将海洋知识教育融入实践基地项目和少年宫项目建设中，各地相关部门根据《教育部等11部门关于推进中小学生研学旅行的意见》中研学旅行育人目标，设立了一批海洋意识研学基地。自然资源部则实施全民海洋科普教育工程，开展年度涉海纪念活动，邀请海洋专家深入学校，建立全国海洋科普教育基地，海洋科普走进社区。例如，自然资源部第三海洋研究所鲸豚展馆作为“厦门海洋文化产业与海洋意识宣传教育研学基地”，致力于提升海洋文化教育意识；国家海洋信息中心、中国海洋学会、天津市科学技术协会联合开展2019年全国科普日系列活动，海洋科学传播专家与天津市小学生、中学生深入互动。

中国的目标是发展200家全国海洋科普教育基地、海洋科普走进全国1000个文明社区。为早日实现这一目标，需要切实推进海洋知识进内陆活动。例如，向内陆地区中小学和基层社区图书室赠送海洋意识普及读物和海洋文学作品，免费放映海洋题材电影，支持内陆地区中小学到沿海地区的科普基地研学。在充分发挥海洋意识宣教平台作用开展公益活动的同时，激励民间组织举办海洋特色文化活动，参与海洋知识宣传教育。

（四）营造亲海爱海的社会环境

为增强公众对海洋的关心和热爱，以及将海洋活动的影响力深入社会各个年龄阶层，需要依托各地区特色海洋文化资源，促进海洋旅游业和海洋休闲活动产业发展。例如，湄洲妈祖文化、闽台对渡文化、泉州世界文化遗产、潭门南海博物馆等都是地区独有的文化资源，在为游客提供独具特色的观光体验的同时，通过丰富多彩的公益活动增进公众对海洋的认识。

中国象山开渔节、青岛国际海洋节、海上丝绸之路国际艺术节等也是重要的海洋文化品牌。但是，受到新冠肺炎疫情的影响，近两年海洋庆典活动大幅萎缩，未能满足公众日益增长的海洋文化需求。为使海洋文化节庆活动成为提升全民海洋意识的平台，需要进一步开发具有地方特色的海洋资源、开展更具吸引力的海洋休闲活动。

第 9 章

中国特色海权

——坚决维护国家海洋权益

要维护国家海洋权益，着力推动海洋维权向统筹兼顾型转变。我们爱好和平，坚持走和平发展道路，但决不能放弃正当权益，更不能牺牲国家核心利益。要统筹维稳和维权两个大局，坚持维护国家主权、安全、发展利益相统一，维护海洋权益和提升综合国力相匹配。要坚持用和平方式、谈判方式解决争端，努力维护和平稳定。要做好应对各种复杂局面的准备，提高海洋维权能力，坚决维护我国海洋权益。要坚持“主权属我、搁置争议、共同开发”的方针，推进互利友好合作，寻求和扩大共同利益的汇合点。

——习近平总书记在十八届中共中央政治局第八次集体学习时强调（2013年7月30日）

党的十八大作出了坚决维护国家海洋权益，建设海洋强国的重大部署。经过多年的发展，中国已经具备维护海洋权益、建设海洋强国的基础，并且已经取得可喜成绩。但在新形势下，维护海洋权益仍面临着诸多挑战，从海洋大国向海洋强国的转变仍然任重道远。

一、中国特色海权观

习近平总书记在深刻总结历史经验和我国海洋强国建设实践的基础上，对海权意识、中国特色的海权发展道路、海权维护原则、国际海权竞争、海上力量建设等多方面作出了创新和深刻的论述，提出了一系列新概念、新命题、新论断、新观点、新理念，形成了内容丰富、逻辑严谨的新时代中国特色海权观。我国建设海洋强国，是一个重大的战略决策转折，意味着我国要从陆权国家开始向陆权海权兼备并重的方向发展。我们要实现现代化、实现中华民族伟大复兴的中国梦，必须走向海洋、经略海洋、维护海权。

（一）发展海权是海洋强国建设的本质需求

中华民族是最早利用海洋的民族之一，然而，我国近现代逐渐处于有海无疆、有海无防、有海无军、有海无权的落后状态，开启了近百年遭受西方列强海上入侵和蹂躏的屈辱历史。2018年6月，习近平总书记在考察中日甲午海战的遗址刘公岛时说，“我一直想来这里看一看，来感受一下，受受教育。要警钟长鸣，铭记历史教训，13亿多中国人要发愤图强，把我们的国家建设得更好更强大”。对于处于加快建设海洋强国关键时期的海洋大国来说，培育普通民众和决策者的海权意识显得尤为迫切。海权意识，其实是深刻的民族忧患意识。无论何时，各级决策者对当前我国面临的海洋安全和权益都要高度敏感，要清醒地认识到我国海洋安全环境和维权形势的复杂性和严峻性，绝不能让历史重演。我国海权发展是海洋强国建设的需要，目标在于威慑、维护海洋主权和海洋权益，确保海洋自由、力量投送、提供公共产品。我国建设海洋强国，就必须要发展海权，使其与陆权能够相匹配、相协调，从而走向海洋、经略海洋、维护海权，实现中华民族伟大复兴的中国梦。

（二）我国海权观与西方传统海权思想之间有着根本的区别

习近平总书记指出，我们爱好和平，坚持走和平发展道路。又指出，坚持通过和平、发展、合作、共赢方式，扎实推进海洋强国建设。中国的海权发展思想既根植于中华民族的海上兴衰历史，又着眼于当前的海洋强国建设实践，与西方以“争霸”为本质的传统海权思想之间有着根本的区别。历史上，中华民族从未由海上向外扩张，可以说，扩张性的海权发展在我国没有历史上的借鉴和思想上的根基。

（三）我国的海权发展要与国力国情相适应

发展海权，要从我国长远发展和整体利益的战略高度思考、设计、实施，要紧紧围绕“两个一百年”奋斗目标，与维护国家主权、安全、发展利益相统一，与维护海洋权益和提升综合国力相匹配，稳中求进。作为海洋大国、建设海洋强国，海权的发展与国家综合实力密切相关，两者之间互相依存、互为依托。在维护和拓展海洋利益、实施海洋“走出去”、保障海洋安全的过程中，我们要始终坚持海权发展目标与我国现有的战略资源之间相协调。

我国海权发展的目标，首先是强化维护海洋利益的控制能力、制定国际海洋秩序的主导能力、形成海洋经济和海洋科技发展的引领能力。其次是建设包容开放的国际海洋政治大国，即以雄厚的海上力量为基础，通过经济、外交等手段获得足够的政治影响力和话语权，以使周边大多数国家乃至世界能认可中国海洋发展的成就，接受我国海权发展的目标和崛起的形式，推动国际海洋秩序向着公平、公正、合理的方向发展。最后是建设世界海洋经济强国，即以海洋经济发展作为战略核心和战略驱动力，成为我国开拓国际海域和南北两极等全球海洋战略利益的基础和基本动力。

（四）海上力量建设与和平发展相统一

党的十八大报告指出，建设与我国国际地位相称、同国家安全和发展利益相适应的巩固国防和强大军队，是我国现代化建设的战略任务。2018年4月12日，习近平总书记在南海海上阅兵时强调，在新时代的征程上，在实现中华民族伟大复兴的奋斗中，建设强大的人民海军的任务从来没有像今天这样紧迫。他又强调，建设一支强大的人民海军，寄托着中华民族向海图强的世代夙愿，是实现中华民族伟大复兴的重要保障。任何时期，没有一个巩固的国防，没有一支强大的军队，和平发展就没有保障。没有强大的海军、海防空虚是我国近代丧权辱国的重要原因。以史为鉴、发展海权，我国需要拥有强大的现代化的海上力量，这是保障国家海上安全、维护海权的基本保证。

二、岛礁主权和海洋划界争端

我国海上相邻或相向国家众多，周边海洋政治环境错综复杂。自北向南，我国海上与朝鲜、韩国、日本、菲律宾、马来西亚、文莱、印度尼西亚和越南8个国家相邻或相向。这些国家社会制度各不相同，经济和社会发展程度差距较大，但均高度重视对海洋的开发、管理和利用。域外大国对海上邻国的影响，加重了我国周边海上形势的复杂性。

（一）我国与周边国家的岛礁主权争端

与海洋划界争议集中爆发于《联合国海洋法公约》及其相关条约生效后不同，引发国家间的岛礁主权争端较为复杂，主要为历史遗留问题，特别是殖民地时代的历史遗留问题。[1]岛屿的领土主权归属问题事关国家核心利益和民族感情，任何一个国家都不会轻易让步，更何况《联合国海洋法公约》赋予岛屿的广大海域面积，岛礁主权归属争端往往和海域划界争端、海洋资源竞争、海洋战略通道控制问题相互交织，对沿海国家利益影响重大，更增加岛礁主权争端的解决难度。尽管遍布全球各个海域的岛礁争端产生原因多样、诉求方式各异，但均不同程度地引发争端方在外交、政治、经济乃至军事领域的冲突与

1.张海文：《全区海洋岛屿争端面面观》，《求是》2012年第16期。

对抗，严重者甚至影响区域稳定。

1.钓鱼岛是中国的固有领土

钓鱼岛及其附属岛屿位于中国台湾岛的东北部，是台湾的附属岛屿，分布在东经123° 20′—124° 40′，北纬25° 40′—26° 00′之间的海域，由钓鱼岛、黄尾屿、赤尾屿、南小岛、北小岛、南屿、北屿、飞屿等岛礁组成，总面积约5.69平方千米。钓鱼岛位于该海域的最西端，面积约3.91平方千米，是该海域面积最大的岛屿，主峰海拔362米。黄尾屿位于钓鱼岛东北约27千米，面积约0.91平方千米，是该海域的第二大岛，最高海拔117米。赤尾屿位于钓鱼岛东北约110千米，是该海域最东端的岛屿，面积约0.065平方千米，最高海拔75米。

（1）中国最先发现、命名和利用钓鱼岛。

中国古代先民在经营海洋和从事海上渔业的实践中，最早发现钓鱼岛并予以命名。在中国古代文献中，钓鱼岛又称钓鱼屿、钓鱼台。目前所见最早记载钓鱼岛、赤尾屿等地名的史籍，是成书于1403年（明永乐元年）的《顺风相送》。这表明，早在十四、十五世纪中国就已经发现并命名了钓鱼岛。

1372年（明洪武五年），琉球国王向明朝朝贡，明太祖遣使前往琉球。至1866年（清同治五年）近500年间，明清两代朝廷先后24次派遣使臣前往琉球王国册封，钓鱼岛是册封使前往琉球的途经之地，有关钓鱼岛的记载大量出现在中国使臣撰写的报告中。如，明朝册封使陈侃所著《使琉球录》（1534年）明确记载“过钓鱼屿，过黄毛屿，过赤屿……见古米山，乃属琉球者”。明朝册封使郭汝霖所著《使琉球录》（1562年）记载，“赤屿者，界琉球地方山也”。清朝册封副使徐葆光所著

《中山传信录》（1719年）明确记载，从福建到琉球，经花瓶屿、彭佳屿、钓鱼岛、黄尾屿、赤尾屿，“取姑米山（琉球西南方界上镇山）、马齿岛，入琉球那霸港”。

1650年，琉球国相向象贤监修的琉球国第一部正史《中山世鉴》记载，古米山（亦称姑米山，今久米岛）是琉球的领土，而赤屿（今赤尾屿）及其以西则非琉球领土。1708年，琉球学者、紫金大夫程顺则所著《指南广义》记载，姑米山为“琉球西南界上之镇山”。

以上史料清楚记载着钓鱼岛、赤尾屿属于中国，久米岛属于琉球，分界线在赤尾屿和久米岛之间的黑水沟（今冲绳海槽）。明朝册封副使谢杰所著《琉球录撮要补遗》（1579年）记载，“去由沧水入黑水，归由黑水入沧水”。明朝册封使夏子阳所著《使琉球录》（1606年）记载，“水离黑入沧，必是中国之界”。清朝册封使汪辑所著《使琉球杂录》（1683年）记载，赤屿之外的“黑水沟”即是“中外之界”。清朝册封副使周煌所著《琉球国志略》（1756年）记载，琉球“海面西距黑水沟，与闽海界”。

钓鱼岛海域是中国的传统渔场，中国渔民世世代代在该海域从事渔业生产活动。钓鱼岛作为航海标志，在历史上被中国东南沿海民众广泛利用。

（2）中国对钓鱼岛实行了长期管辖。

早在明朝初期，为防御东南沿海的倭寇，中国就将钓鱼岛列入防区。1561年（明嘉靖四十年），明朝驻防东南沿海的最高将领胡宗宪主持、郑若曾编纂的《筹海图编》一书，明确将钓鱼岛等岛屿编入“沿海山沙图”，纳入明朝的海防范围内。

1605年（明万历三十三年）徐必达等人绘制的《乾坤一统海防全图》及1621年（明天启元年）茅元仪绘制的中国海防图《武备志·海防二·福建沿海山沙图》，也将钓鱼岛等岛屿划入中国海疆之内。

清朝不仅沿袭了明朝的做法，继续将钓鱼岛等岛屿列入中国海防范围内，而且明确将其置于台湾地方政府的行政管辖之下。清代《台海使槎录》《台湾府志》等官方文献详细记载了对钓鱼岛的管辖情况。1871年（清同治十年）刊印的陈寿祺等编纂的《重纂福建通志》卷八十六将钓鱼岛列入海防冲要，隶属台湾府噶玛兰厅（今台湾省宜兰县）管辖。

（3）中外地图标绘钓鱼岛属于中国。

1579年（明万历七年）明朝册封使萧崇业所著《使琉球录》中的“琉球过海图”、1629年（明崇祯二年）茅瑞徵撰写的《皇明象胥录》、1767年（清乾隆三十二年）绘制的《坤舆全图》、1863年（清同治二年）刊行的《皇朝中外一统舆图》等，都将钓鱼岛列入中国版图。

日本最早记载钓鱼岛的文献为1785年林子平所著《三国通览图说》的附图“琉球三省并三十六岛之图”，该图将钓鱼岛列在琉球三十六岛之外，并与中国大陆绘成同色，意指钓鱼岛为中国领土的一部分。

1809年法国地理学家皮耶·拉比等绘《东中国海沿岸各国图》，将钓鱼岛、黄尾屿、赤尾屿绘成与台湾岛相同的颜色。1811年英国出版的《最新中国地图》、1859年美国出版的《柯顿的中国》、1877年英国海军编制的《中国东海沿海自香港至辽东湾海图》等地图，都将钓鱼岛列入中国版图。

无论从历史、地理还是从法理的角度看，钓鱼岛都是中国的固有领土，中国对其拥有无可争辩的主权。日本在1895年利用甲午战争窃取钓鱼岛是非法无效的。第二次世界大战后，根据《开罗宣言》和《波茨坦公告》等国际法律文件，钓鱼岛回归中国。无论日本对钓鱼岛采取任何单方面举措，都不能改变钓鱼岛属于中国的事实。长期以来，日本在钓鱼岛问题上不时制造事端。2012年9月10日，日本政府宣布“购买”钓鱼岛及附属的南小岛、北小岛，实施所谓“国有化”。这是对中国领土主权的严重侵犯，是对历史事实和国际法理的严重践踏。

中国坚决反对和遏制日本采取任何方式侵犯中国对钓鱼岛的主权，果断地采取一系列反制措施。中国海监执法船在钓鱼岛海域坚持巡航执法，渔政执法船在钓鱼岛海域进行常态化执法巡航和护渔，维护该海域正常的渔业生产秩序。中国还通过发布天气和海洋观测预报等，对钓鱼岛及其附近海域实施管理。中国政府近年来相继公布了钓鱼岛及其附属岛屿的领海基点、基线，公布了钓鱼岛及附属岛屿的具体名称和坐标，同时对岛上的山川、河流等地理实体也进行了命名，体现了我国政府依照国内法规和相关国际条约对钓鱼岛进行行政管辖的意志和决心。[1]

2012年9月20日，《钓鱼岛——中国的固有领土》宣传册出版发行，从钓鱼岛概况、钓鱼岛自古以来就是中国的领土、日本和国际社会曾明确承认钓鱼岛属于中国、日本主张钓鱼岛

---

1. 参阅中华人民共和国国务院新闻办公室2012年9月25日发表的《钓鱼岛是中国的固有领土》(白皮书)。

主权没有历史和法理依据、中国积极宣示和坚定维护钓鱼岛主权等部分，向国内广大民众和国际社会阐释钓鱼岛及其附属岛屿自古以来就是中国固有领土的历史和法理事实。

2012年9月25日，我国正式发布《钓鱼岛是中国的固有领土》白皮书，表明无论从历史、地理还是从法理的角度来看，钓鱼岛都是中国的固有领土，中国对其拥有无可争辩的主权。

2014年底，钓鱼岛专题网站正式上线，并于2015年上线运行专题网站的英文本和日文版，有利于人们更好地了解钓鱼岛问题的历史经纬和中方的一贯立场。

2018年7月4日，中国海警2305舰艇编队在钓鱼岛领海内巡航。这是海警队伍划归武警后，中国海警编队首次巡航钓鱼岛领海。2021年2月1日，《中华人民共和国海警法》正式生效，更为中国海警在钓鱼岛执法提供了明确的依据。

2.中国对南海诸岛拥有无可争辩的主权

南海位于中国大陆的南面，通过狭窄的海峡或水道，东与太平洋相连，西与印度洋相通，是一个东北—西南走向的半闭海。南海北靠中国大陆和台湾岛，南接加里曼丹岛和苏门答腊岛，东临菲律宾群岛，西接中南半岛和马来半岛。

中国南海诸岛包括东沙群岛、西沙群岛、中沙群岛和南沙群岛。这些群岛分别由数量不等、大小不一的岛、礁、滩、沙等组成。中国人民在南海的活动已有2000多年历史。中国最早发现、命名和开发利用南海诸岛及相关海域，最早并持续、和平、有效地对南海诸岛及相关海域行使主权和管辖。中国对南海诸岛的主权和在南海的相关权益，是在漫长的历史过程中确立的，具有充分的历史和法理依据。

早在公元前2世纪的西汉时期，中国人民就在南海航行，并在长期实践中发现了南海诸岛。中国渔民在开发利用南海的历史过程中还形成一套相对固定的南海诸岛命名体系：如将岛和沙洲称为“峙”，将礁称为“铲”“线”“沙”，将环礁称为“匡”“圈”“塘”，将暗沙称为“沙排”等。明清时期形成的《更路簿》是中国渔民往来于中国大陆沿海地区和南海诸岛之间的航海指南，以多种版本的手抄本流传并沿用至今；记录了中国人民在南海诸岛的生活和生产开发活动，记载了中国渔民对南海诸岛的命名。中国是最早开始并持续对南海诸岛及相关海上活动进行管理的国家。历史上，中国通过行政设治、水师巡视、资源开发、天文测量、地理调查等手段，对南海诸岛和相关海域进行了持续、和平、有效的管辖。中国历代政府还在官方地图上将南海诸岛标绘为中国领土。1755年《皇清各直省分图》之《天下总舆图》、1767年《大清万年一统天下图》、1810年《大清万年一统地理全图》、1817年《大清一统天下全图》等地图均将南海诸岛绘入中国版图。

历史事实表明，中国人民一直将南海诸岛和相关海域作为生产和生活的场所，从事各种开发利用活动。中国历代政府也持续、和平、有效地对南海诸岛实施管辖。在长期历史过程中，中国确立了对南海诸岛的主权和在南海的相关权益，中国人民早已成为南海诸岛的主人。

第二次世界大战结束后，中国收复日本在侵华战争期间曾非法侵占的中国南海诸岛，并恢复行使主权。中国政府为加强对南海诸岛的管理，于1947年审核修订了南海诸岛地理名称，编写了《南海诸岛地理志略》和绘制了标绘有南海断续线的

《南海诸岛位置图》，并于1948年2月正式公布，昭告世界。

1949年中华人民共和国成立以来，坚定维护中国在南海的领土主权和海洋权益。1958年《中华人民共和国政府关于领海的声明》、1992年《中华人民共和国领海及毗连区法》、1998年《中华人民共和国专属经济区和大陆架法》以及1996年《中华人民共和国全国人民代表大会常务委员会关于批准〈联合国海洋法公约〉的决定》等系列法律文件，进一步确认了中国在南海的领土主权和海洋权益。

南海诸岛属于中国是“二战”后国际社会的普遍认识，世界上许多国家都承认南海诸岛是中国领土。在许多国家出版的百科全书、年鉴和地图都将南沙群岛标属中国。战后相当长时期内，并不存在所谓的南海问题。南海周边的地区也没有任何国家对中国在南沙群岛及其附近海域行使主权提出过异议。20世纪70年代开始，越、菲、马等国以军事手段分别侵占了南沙群岛中的42个岛礁（越南29个，菲律宾8个，马来西亚5个），在南沙群岛附近海域进行大规模的资源开发活动并提出主权要求。

中国一向坚决反对一些国家对中国南沙群岛部分岛礁的非法侵占及在中国相关管辖海域的侵权行为。中国愿继续与直接有关当事国在尊重历史事实的基础上，根据国际法，通过谈判协商和平解决南海有关争议。中国愿同有关直接当事国尽一切努力作出实际性的临时安排，包括在相关海域进行共同开发，实现互利共赢，共同维护南海和平稳定。

2013年1月22日，菲律宾对中国提起仲裁，试图通过国际法、司法化的方式施压。菲律宾单方面提起的仲裁程序涉及中国岛屿主权和海域划界，中国采取了不应诉的坚定立场。2016年7月12日，南海仲裁案公布所谓“仲裁结果”后，中国政府发表《关于南海领土主权和海洋权益的声明》，声明强调“（一）中国对南海诸岛，包括东沙群岛、西沙群岛、中沙群岛和南沙群岛拥有主权；（二）中国南海诸岛拥有内水、领海和毗连区；（三）中国南海诸岛拥有专属经济区和大陆架；（四）中国在南海拥有历史性权利”，再次重申中国在南海的领土主权和海洋权益。[1]

（二）我国与周边国家的海洋划界争端

我国周边海域，是利益关系最为复杂、海洋争议最为庞杂以及域外因素介入最多的海域。依据《联合国海洋法公约》和我国国内立法，我国可主张管辖的海域面积约300万平方千米，其中与邻国有争议的约占一半。我国一贯主张在国际法基础上按照公平原则划定界限。1996年，中国在批准《联合国海洋法公约》时声明：“中华人民共和国将与海岸相向或相邻的国家，通过协商，在国际法基础上，按照公平原则划定各自海洋管辖权界限。”1998年《中华人民共和国专属经济区和大陆架法》规定“中华人民共和国与海岸相邻或者相向国家关于专属经济区和大陆架的主张重叠的，在国际法的基础上按照公平原则以协议划定界限”。2016年南海仲裁裁决结果公布后，《中华人民共和国政府关于在南海的领土主权和海洋权益的声明》《中华人

1. 参阅中华人民共和国国务院新闻办公室2016年7月13日发表的《中国坚持通过谈判解决中国与菲律宾在南海的有关争议》白皮书。

民共和国外交部关于应菲律宾共和国请求建立的南海仲裁案仲裁庭所作裁决的声明》和《中国坚持通过谈判解决中国与菲律宾在南海的有关争议》等文件，系统阐述了中国处理南海问题的政策、主张、立场。

1. 中朝海洋划界

中国同朝鲜的海岸相邻并相向，需根据两国各自海洋立法和实践，划定两国自鸭绿江口起的管辖海域界限。尽管中朝之间尚未就划界问题开展正式谈判，但已经就有关问题举行磋商。自1997年起，中国与朝鲜双方外交事务当局间建立了海洋法非正式磋商机制，举行了多轮非正式磋商及海域划界事务级和渔业问题专家级磋商，主要就海域划界及渔业问题交换了意见。

在解决管辖海域划界前，中国与朝鲜也致力于争议海域的共同开发。如中朝于2005年12月24日在北京签署了《中朝政府间关于海上共同开发石油的协定》，着手对两国间的毗邻海域进行共同开发。

2. 中韩海洋划界

中国同韩国的海岸相向，在黄海南部海域和东海北部部分海域存在专属经济区和大陆架的划界问题。1997年，中韩建立了海洋法磋商机制，就海洋划界及其他海洋法问题交换意见。

为解决中韩两国海洋专属经济区的重叠问题，中国与韩国自1997年开始举行海洋法正式磋商。2000年中韩签署了《中华人民共和国政府和大韩民国政府渔业协定》，对相关水域的渔业问题作出临时安排，以维护两国渔民的正常生产作业秩序。2014年7月，国家主席习近平访韩期间，两国宣布2015年启动海域划界谈判，为彻底解决海域划界问题提供了政治基础。

3.中日海洋划界

中国同日本海岸相向，两国除历史遗留的钓鱼岛主权归属争议外，还存在大陆架和专属经济区划界问题。2012年，中国依据《联合国海洋法公约》第七十六条、《联合国海洋法公约》附件二、《大陆架界限委员会议事规则》和《大陆架界限委员会科学和技术准则》，向联合国秘书处提交了东海部分海域200海里以外大陆架外部界限划界案。

自2004年10月下旬，中日政府间已就东海问题举行了几轮磋商。2007年4月11日，温家宝总理访日期间，为妥善处理东海问题，中日双方达成共识，推进共同开发磋商进程。[1] 2012年1月，中日之间建立了海洋事务高级别磋商机制。

4.南海划界

中国在南海的5个海洋邻国，分别以国内立法或政府声明，提出专属经济区或大陆架等相关海洋权益主张。其中，越南、马来西亚、印度尼西亚已陆续划定相互在南海南部的大陆架边界，侵入中国南海断续线内部分海域。马来西亚和越南提出的外大陆架划界案，使南海争端再增焦点。

中国同越南的部分海岸相向，在北部湾的海岸部分相邻。2000年12月25日，中越两国通过谈判，签署了《中华人民共和国和越南社会主义共和国关于两国在北部湾领海、专属经济区和大陆架的划界协定》，成功解决了北部湾海洋划界问题。

1.参见《中日联合新闻公报》，中华人民共和国中央人民政府2007年第15号国务院公报。

三、维护海外利益和海上通道安全

我国在快速发展并迅速融入经济全球化的过程中，国家利益突破了传统的地理界限向全球延展，国家利益的实现越来越受到外部因素的影响。海外利益在国家利益结构中的地位和分量在迅速上升，可以说，海外利益已经凸显为我国与世界各国间关系的重要影响因素。

我国海外利益的延展，是国内大市场与国际大市场相互促进、深度融合的必然结果。对海外利益的保护，是事关我国新发展格局能否顺利构建的重大战略问题。针对国内外风险和挑战的复杂变化，《中共中央关于制定国民经济和社会发展第十四个五年规划和二〇三五年远景目标的建议》中特别强调，要“健全促进和保障境外投资的法律、政策和服务体系，坚定维护中国企业海外合法权益，实现高水平走出去”，并将构建海外利益保护和风险预警防范体系作为统筹发展和安全、确保国家经济安全的重要内容之一，这为我国“十四五”乃至更长时期推进和加强海外利益保护提供了根本指引。[1]

（一）我国海外利益规模不断扩大

海外利益是国家利益的海外延伸，是国家利益的重要组成部分。中国海外利益是指中国政府、企业、社会组织和公民通过全球联系产生的、在中国主权管辖范围以外存在的、主要以

1.高凌云、程敏：《统筹推进和加强我国海外利益保护》,《中国发展观察》2021年第5期。

国际合约形式表现出来的中国国家利益。[1]

1.我国驻外机构数量已成为全球第一

目前，中国同180个国家建立了外交关系，同112个国家和国际组织建立了伙伴关系，参加了100多个政府间国际组织，签署了超过500多个多边条约，构建起全方位、多层次、立体化的外交布局。[2]2019年，澳大利亚洛伊研究所发布《全球外交指数》报告显示，随着中国近年新建交国数量增加，2019年中国驻外使领馆总数达到276个，超过美国成为全球第一。除了全球第一的外交网络之外，中国政府下属的各部门为适应国际合作需求和全球治理议题跨部门性的特征，也设立了相关国际合作机构，成为国家大外交大外事的重要组成部分。[3]

2.我国对外投资持续稳步增长

根据商务部数据显示，截至2019年底，中国2.75万家境内投资者在全球188个国家（地区）设立对外直接投资企业4.4万家，全球80%以上国家（地区）都有中国的投资，其中在“一带一路”沿线国家设立境外企业超过1万家。在2013至2019年中国对沿线国家累计直接投资1173.1亿美元。[4]值得注意的是，自2019年底新冠肺炎疫情暴发至今，全球产业链、供应链格局加速调整，在全球贸易陷入低估的情况下，我国对

1.苏长和：《论中国海外利益》，《世界经济与政治》2009年第8期。

2.《中国特色大国外交砥砺前行——写在中央外事工作会议三周年之际》，《人民日报》，2021年6月24日，第1版；《外交部发言人——敦促美日立即停止搞针对中国的“小圈子”》，《人民日报》，2021年3月18日，第3版。

3.苏长和：《论中国海外利益》，《世界经济与政治》2009年第8期。

4.中华人民共和国商务部、国家统计局、国家外汇管理局编：《2019年度中国对外直接投资统计公报》，北京：中国商务出版社2020年9月版，第4页、第17页。

外投资呈现逆势增长态势，2020年对外直接投资净额1537.1亿美元，同比增长12.3%。[1]

3.境外中国公民数量日益增多

2019年，我国公民出境旅游人数达到1.55亿人次，连续六年过亿；同期的出国留学人员总数为70.35万人。从1978—2019年，各类出国留学人员累计达656.06万人。2020年，我国对外劳务合作派出各类劳务人员30.1万人，2020年末在外各类劳务人员62.3万人。海外侨胞方面，中国在全球近200个国家（地区）拥有超过6000万名海外侨胞。[2]

（二）维护海上通道安全，保障海外利益

海上通道是世界各濒海国家对外联系的重要渠道，对国家安全和经济发展至关重要。地理大发现以来，世界大国兴衰、成败的历史，从某种意义上讲也是一部海上通道变迁史。中国在东北、东、东南和西南方向共有4条海上通道，分别通向北极、太平洋、东南亚至大洋洲以及印度洋。这些通道既是保障中国经济健康运行的“动脉”，也对维护中国领土和主权安全具有重要的战略意义。中国对外贸易总额的90%以上均依赖海上运输，海上通道安全直接关乎中国重大经济利益和经济健康稳定发展。党的十八大提出建设海洋强国以来，我国加快由陆权

1.中华人民共和国商务部、国家统计局、国家外汇管理局编：《2020年度中国对外直接投资统计公报》，北京：中国商务出版社2021年9月版，第3页。

2.数据参见中华人民共和国文化和旅游部《2019年文化和旅游发展统计公报》、中华人民共和国教育部《2019年度出国留学人员情况统计》、《国务院关于华侨权益保护工作情况的报告》。

国家向海权国家转型，海上通道对于我国安全利益与经济利益的重要性愈发凸显。

1.我国向东北海上通道

是指从我国沿海各港口向北通往朝鲜半岛、日本、俄罗斯，到达北冰洋的通道。主要包括朝鲜海峡、白令海峡等。朝鲜海峡，位于朝鲜半岛东南部与日本九州岛、本州岛之间，连接日本海与中国黄海、东海。白令海峡位于亚欧大陆最东点的俄罗斯杰日尼奥夫角和美洲大陆最西点的美国威尔士王子角之间，是北冰洋与太平洋之间的重要通道，作为北极航道的重要出入口，白令海峡在一定程度上把握着军用设备和人员在该地区的进出权，极具军事战略价值。鉴于其重要的地理位置，白令海峡更有“北方的马六甲”之称。

2.我国向东海上通道

包括从我国沿海各港口向东穿越太平洋，通往北美、拉美等地的海上通道。主要包括大隅海峡、宫古海峡和巴拿马运河等。大隅海峡位于日本九州岛南端与大隅半岛之间，是我国东出太平洋的重要咽喉之地，亦是我国进出太平洋和进行常态化训练的重要航道。宫古海峡位于琉球群岛中南部的冲绳岛和宫古岛之间，连接东海和太平洋，是我国进出西太平洋的理想国际水道和贸易通道。巴拿马运河，位于巴拿马共和国中部地带，横穿巴拿马，是沟通太平洋和大西洋的重要运河航道，被誉为“地峡生命线”，是中国矿石等资源进口的要道。

3.我国向东南海上通道

是指从我国沿海港口南下至东南亚、大洋洲等的海上通道，主要包括台湾海峡、巴士海峡、巽他海峡、望加锡海峡、龙目海峡等。台湾海峡，是中国大陆与台湾岛之间连通南海、东海的海峡，是贯通中国南北海运的重要通道。巴士海峡，位于中国台湾与菲律宾北部巴丹群岛之间，其既是我国南下的重要贸易通道，也是海空军进出西太平洋的要冲。巽他海峡，位于苏门答腊岛和爪哇岛之间，沟通爪哇海与印度洋的航道，也是北太平洋国家通往东非、西非或绕道好望角到欧洲航线上的航道之一。望加锡海峡，位于加里曼丹与苏拉威西两岛之间，北通苏拉威西海，南接爪哇海与弗洛勒斯海，是南中国海、菲律宾到澳大利亚的重要航线。龙目海峡，位于印度尼西亚群岛的巴厘岛和龙目岛之间，地处太平洋与印度洋之海上交通要冲。

4.我国向西南海上通道

是指从中国沿海各港口经南海进入印度洋，通往中东、西欧、非洲等地的通道，是我国重要的石油能源运输航线和贸易要道。这条航线的主要战略通道有马六甲海峡、霍尔木兹海峡、苏伊士运河等。马六甲海峡，位于马来半岛与印度尼西亚的苏门答腊岛之间，经马六甲海峡进入南中国海的油轮是经过苏伊士运河的3倍、巴拿马运河的5倍。马六甲海峡是日本、中国、韩国最主要的能源运输通道，是“海上生命线”。霍尔木兹海峡，是连接中东地区的重要石油产地波斯湾和阿曼湾的狭窄海峡，亦是阿拉伯海进入波斯湾的唯一水道。作为当今全球最为繁忙的水道之一，霍尔木兹海峡被称为“全球经济的咽喉”，是海湾地区石油输往世界各地的唯一海上通道，战略和经济地位极为重要。苏伊士运河，位于埃及东北部，贯通苏伊士地峡，为亚洲和非洲的分界线，它是沟通地中海和红海的著名国际航道，扼守北大西洋、印度洋和西太平洋之间海上航行的要道，具有重要的国际经济意义和战略价值。

（三）当前我国海外利益面临的挑战与利益维护

伴随海外利益的持续增长，国外政治、经济、安全、社会、法律的复杂性使得维护我国海外利益面临艰巨挑战。中国海外利益面临国际和地区动荡、恐怖主义、海盗活动等现实威胁，驻外机构、海外企业及人员多次遭到袭击。太空、网络安全威胁日益显现，自然灾害、重大疫情等非传统安全问题的危害上升。[1]

1.我国海外利益仍面临巨大挑战

我国海外利益面临的传统风险仍然存在，地区冲突和局部战争仍持续不断，政权更迭、社会治安风险等对我国海外利益构成严峻挑战。除此之外，霸权主义、强权政治、单边主义仍在横行，地区冲突和局部战争持续不断，导致国际安全体系和秩序受到极大冲击。极端主义、恐怖主义不断蔓延，网络安全、生物安全、海上通道安全等非传统安全威胁日益凸显。新冠肺炎疫情使全球经济受到冲击，一些国家采取反全球化态度，出台投资规定，严格审查外国投资项目，并对中国企业、项目和人员进行了有针对性的滥用，限制中国投资特别是高科技领域投资，加大了我国对外投资的不确定和海外利益的风险性。

2.坚持总体国家安全观，切实维护我国海外利益

在准确把握国家安全形势变化新特点新趋势的基础上，以

1.参阅中华人民共和国国务院新闻办公室2019年7月24日发表的《新时代的中国国防》（白皮书）。

习近平同志为核心的党中央创新国家安全理念，统揽国家安全全局，创造性提出总体国家安全观。贯彻总体国家安全观，要求我们既重视发展问题又重视安全问题，既重视外部安全又重视内部安全，既重视国土安全又重视国民安全，既重视传统安全又重视非传统安全，既重视自身安全又重视共同安全。要完善国家安全制度体系，加强国家安全能力建设，坚决维护国家主权、安全、发展利益。[1]

3.运用海外军事力量维护海外利益

2015年5月，我国发布的《中国的军事战略》白皮书中称，中国军队将加强海外利益攸关区的国际安全合作。从索马里护航到搜寻马航MH370客机、从抗击埃博拉病毒到尼泊尔抗震救援，中国军队正积极参与国际安全合作，也通过行动来宣告，中国海外军事力量的使用是无害的、非对抗性的。自1990年首次向联合国停战监督组织派出5名军事观察员，中国军队和警察先后参加近30项联合国维和行动，派出维和人员5万余人次。[2]维和部队依据联合国有关决议和国际法准则，在维护世界和平、促进共同发展的同时，成为我国在外华人华侨的坚强后盾。2016年，刚果（金）多地局势动荡，为确保当地华人安全，我国赴刚果（金）第20批维和部队出动力量将22名中资企业员工接到维和营地提供保护，确保了在外中资企业职工的生命财产安全。

1.中共中央宣传部：《习近平新时代中国特色社会主义思想学习纲要》，北京：学习出版社、人民出版社2019年6月版，第178页。

2.《中国维和贡献彰显大国担当》，《解放军报》，2021年5月29日，第4版。

4.提升海外利益保护软实力

我国海外利益的保护不仅需要强化海外军事力量的运用，还要以日益提升的综合国力及集中力量办大事的制度优势为依托，把经济实力转化为外交影响力和制度感染力。[1]我国坚定维护以联合国为核心的国际体系，坚定维护以国际法为基础的国际秩序，坚定维护联合国在国际事务中的核心作用，始终做多边主义的践行者，积极参与全球治理体系改革和建设，推动构建人类命运共同体，力所能及地为世界提供公共物品，为世界贡献中国智慧、中国方案。

面对新冠肺炎疫情全球大流行与变异病毒快速传播，2021年两会上，国务委员王毅在记者会上宣布推出“春苗行动”，积极协助和争取为海外同胞接种疫苗。截至7月1日，已协助超过170万海外中国公民在160多个国家接种中外新冠疫苗。[2]4月，由国家卫生健康委员会搭建的新冠肺炎疫情防控海外华人华侨互联网咨询服务平台上线，该平台整合多家医疗机构和第三方平台资源，面向海外侨胞免费提供相关健康咨询服务。

中国积极响应联合国“新冠疫苗实施计划”，已累计向世界特别是发展中国家提供疫苗和原液超过7亿剂，帮助100多个国家抗击疫情[3]，在有效保护我国海外同胞生命健康安全的同时，展现了我国的大国担当。

1.高凌云、程敏：《统筹推进和加强我国海外利益保护》，《中国发展观察》2021年第5期。

2.《“春苗行动”，外交为民的生动实践》，《人民日报》，2021年7月13日，第18版。

3.《中国对外援助和出口新冠疫苗数量超过其他国家总和——让疫苗成为全球公共产品，中国做到了！》，《人民日报》，2021年8月1日，第3版。

四、着力推动海洋维权向统筹兼顾型转变

近年来，以习近平同志为核心的党中央高度重视维护海洋权益工作，积极部署，从容应对，从能力建设、外交斗争、海上执法等多个方面综合施策，采取有力措施，有效维护了国家领土主权和海洋权益，避免了周边海洋争端对我国发展大局产生重大消极影响，在一定程度上有力遏制了域外国家利用我国与周边国家海洋争端，从中渔利的企图。随着我国岛屿主权与海洋权益争端持续深入发展，未来我国维权斗争任务将呈现长期化、复杂化、国际化走向。面对复杂局面，海洋维权工作更加紧迫，也更具挑战，需要整体设计、综合考量、统筹兼顾，在坚决维护国家主权和海洋权益的前提下，切实实现维权与维稳相统一。

（一）海洋维权的复杂性和长期性决定需向统筹兼顾转型

习近平总书记指出，要维护国家海洋权益，着力推动海洋维权向统筹兼顾型转变。尽管我国周边海洋权益争端总体可控，但维权形势依然严峻，如何扎实有效推进工作，切实取得实际效果，是我国海洋维权工作需要面对的主要任务，也是建设海洋强国的重要内容。当前，我国发展仍然需要和平稳定的周边环境，需要发展同周边国家的睦邻关系。党的十九大报告提出，“按照亲诚惠容的理念和与邻为善、以邻为伴周边外交方针深化同周边国家关系”[1]。我国在与周边国家交往时，既要保持睦邻友好，维

1. 习近平：《决胜全面建成小康社会夺取新时代中国特色社会主义伟大胜利——在中国共产党第十九次全国代表大会上的报告》（2017年10月18日），《求是》2017年第21期。

护和平稳定的大局，也要维护我国主权和海洋权益，两者不应偏废。全面统筹维权与维稳的关系，是新时代我国周边外交关系的重要内容，也是我国海洋维权工作的长期任务和要求。

（二）统筹兼顾要以维护国家主权和权益为前提

习近平总书记指出，我们爱好和平，坚持走和平发展道路，但决不能放弃正当权益，更不能牺牲国家核心利益。主权独立与完整是国家独立、民族崛起的内在要求和外在体现，属于国家核心利益。党的十九大报告指出的坚持总体国家安全观，“坚决维护国家主权、安全、发展利益”，充分体现了维护海洋权益和海洋安全对建设中国特色社会主义，实现中华民族伟大复兴的重要性。中国的发展不能以牺牲主权为代价，“中国决不会以牺牲别国利益为代价来发展自己，也决不放弃自己的正当权益，任何人不要幻想让中国吞下损害自身利益的苦果”[1]。在处理和应对涉我领土主权和海洋权益争端过程中，“主权属我”应当是一切工作的前提，也是维护海洋权益工作的底线。以坚持底线思维、严守立场为基础，统筹兼顾各方因素，是我国综合施策、妥善应对复杂局面，有效维护海洋权益工作的指引和保障。

（三）统筹兼顾、切实维护我国主权和发展利益

要统筹维稳和维权两个大局，坚持维护国家主权、安全、

1. 习近平：《决胜全面建成小康社会夺取新时代中国特色社会主义伟大胜利——在中国共产党第十九次全国代表大会上的报告》（2017年10月18日），《求是》2017年第21期。

发展利益相统一，维护海洋权益和提升综合国力相匹配。海洋维权涉及方方面面，推进海洋维权必须做好统筹兼顾，协调好各方关系。习近平总书记指出，要统筹维稳和维权两个大局，坚持维护国家主权、安全、发展利益相统一。

在统筹安全与发展利益方面，应有效协调不同利益。中国的海洋权益包括我国管辖海域范围内的权利与利益，还包括根据国际法，在他国管辖海域、国际海底区域、公海享有的权益。因此，在妥善处理周边海洋问题的同时，也要积极拓展和维护中国在极地、深海等相关权益。

作为海洋大国和具有重要影响力的国家，还要统筹兼顾，积极作为，把握争端管控规则制定的主导权。要充分认识维护周边稳定对于我国实现中华民族伟大复兴、实现"推进现代化建设、完成祖国统一、维护世界和平与促进共同发展三大历史任务"的重要性，着眼于全局利益，有机地将维护国家主权与拓展发展利益相统一。

（四）坚持用和平方式解决争端

要坚持用和平方式、谈判方式解决争端，努力维护和平稳定。党的十九大报告提出"坚持以对话解决争端、以协商化解分歧"的要求，积极推动对话磋商机制和争端解决机制的建立和完善，通过掌握规则制定的引导权和主动权，达到有效维护主权与为国家发展营造良好外部环境和战略格局相统一。对此，我们必须要保持战略定力，抵制外界干扰，在充分考量维护自身合法权益和发展利益需求的基础上，稳步推进包括"南海行为准则"在内的各项有助于区域形势稳定的对话和磋商。始终坚持“搁置争议、共同开发”的方针，推进互利友好合作，寻求和扩大共同利益的汇合点。

在处理与海上邻国关系、维护我周边局势稳定方面，要正确把握维权与合作关系。近年来，中国积极同周边国家通过对话协商，稳步推进“共同开发”。2013年4月5日，文莱苏丹哈桑纳尔访华期间，中文两国发表《中华人民共和国和文莱达鲁萨兰国联合声明》，同意支持两国有关企业本着相互尊重、平等互利的原则共同勘探和开采海上油气资源。同年10月，在李克强总理访问越南期间，中越双方就成立海上共同开发磋商工作组达成共识，宣布将加快北部湾湾口外海域工作组的工作，力争湾口外海域共同开发取得实质进展，为探索在更大范围开展海上共同开发积累经验。2016年中菲关系转圜以来，两国设立了南海问题双边磋商机制，积极推进海上油气共同勘探与开发。2018年11月，中菲两国签署《关于油气合作开发谅解备忘录》，尽管该备忘录并非油气开发合作协议，但表达了两国合作的政治意愿，将中菲海上合作开发推向了一个新的阶段。

（五）提升海洋维权综合保障能力

海洋关系国家长治久安和可持续发展。建设与国家安全和发展利益相适应的现代海上军事力量体系，维护国家主权和海洋权益，维护战略通道和海外利益安全，参与海洋国际合作，是建设海洋强国的重要内容，也是实施海洋开发与管理的前提和保障。面对维护海洋权益的艰巨任务，要坚定维权，多措并举，提升海洋综合维权的能力。一是要增强海上维权硬实力。持续加大投入，提升装备水平，建设强大海军，形成强大威慑力；强化中国海警等海上维权执法力量建设，持续加大投入力度，满足海洋维权实际需求。二是注重制度建设，搭建海上维权软实力。维护海洋权益内容的多样性，要求各涉海管理部门紧密配合；为了提升国际影响力和话语权，要加大宣传力度，积极向国际社会宣传我国维权主张的合理性、合法性，快速准确地向国际社会提供相关信息，避免相关国家操纵舆论、混淆视听。同时，对周边国家侵犯中国主权、破坏地区稳定的行为，要及时公布相关图像、视频资料，让国际社会了解事实真相。要加强国际学术交流，增强公共外交影响力，构建国际话语权。

五、建设世界一流的人民海军

2017年5月，习近平总书记在视察海军机关时强调，建设强大的现代化海军是建设世界一流军队的重要标志，是建设海洋强国的战略支撑，是实现中华民族伟大复兴中国梦的重要组成部分。他指出，海军全体指战员要站在历史和时代的高度，担起建设强大的现代化海军历史重任。[1]习近平总书记明确提出了建设人民海军的历史意义和时代要求，也为人民海军的建设和发展指明了方向。

2018年4月12日，在南海海域举行的海上阅兵仪式上，习近平总书记发表重要讲话，强调在新时代的征程上，在实现中华民族伟大复兴的奋斗中，建设强大的人民海军的任务从来

1.海军党委：《努力把人民海军全面建成世界一流海军——深入学习贯彻习近平主席海上阅兵重要讲话精神》，《求是》2018年第11期。

没有像今天这样紧迫。要深入贯彻新时代党的强军思想，坚持政治建军、改革强军、科技兴军、依法治军，坚定不移加快海军现代化进程，善于创新，勇于超越，“努力把人民海军全面建成世界一流海军”，正式为新时代海军建设提出了明确目标。[1]面对世界百年未有之大变局，进入新时代，正在向建设海洋强国不断奋进的中国，需要一支强大的现代化海军，维护和捍卫国家主权、安全，维护地区稳定与世界和平，为建设海洋强国提供战略支撑，为实现中华民族伟大复兴的中国梦守卫护航，为中华民族向海图强劈波斩浪。

（一）新中国海军建设历程

从最初的艰难起步到建制正规、装备现代，再到如今砥砺前行、奋发有为，中国海军逐步发展成为一支能够有效捍卫国家主权、安全、发展利益的现代化海军。自1949年4月23日至今，中国共产党领导下的人民海军走过了70多年的历程，从“强大的海军”到“具有现代战斗能力的海军”再到“世界一流海军”；从“近岸防御”到“近海防御”再到“远海防卫”；从“巩固海防、抵御侵略”到“维护我领海主权和海上安全”再到“坚决捍卫国家领土主权和海洋权益”，反映了人民海军走向“世界一流”的时代历程。

新中国成立前夕，党中央就把目光投向海洋，开始探索加强海防、建设海军的工作。1949年1月8日，中央政治局在西

1.海军党委:《努力把人民海军全面建成世界一流海军——深入学习贯彻习近平主席海上阅兵重要讲话精神》,《求是》2018年第11期。

柏坡召开会议，毛泽东同志在《目前形势和党在1949年的任务》中，正式提出建立一支“保卫沿海、沿江的海军”。1953年2月19日，毛泽东同志首次视察海军部队，并给“长江”“洛阳”“南昌”“黄河”“广州”五艘军舰题词：“为了反对帝国主义的侵略，我们一定要建立强大的海军。”从此人民海军开始了从无到有、从小到大、从弱到强的壮阔征程。

改革开放的春风推动人民海军由“临战状态”过渡到“质量建军”，迎来发展的新阶段。1979年7月29日，邓小平同志在青岛接见海军代表时指出：“巩固强大的海防，是事关国家和民族命运的大事。”同年8月2日，邓小平同志在视察北海舰队驻烟台部队时挥笔题词：“建立一支强大的具有现代战斗能力的海军。”

20世纪90年代，为提高现代化水平，人民海军进入重要的发展时期。1995年10月中旬，江泽民同志作出“我们必须把海军建设摆在重要地位，加快海军现代化建设步伐，确保我国海防安全，促进祖国统一大业的完成”的重要指示。在海军成立50周年之际，江泽民同志题词：“为建设具有强大综合作战能力的现代化海军而奋斗。”

进入21世纪，为应对复杂国际国内形势变化，在海军现有力量的基础上，党中央提出了海军转型的新要求。2006年12月27日，胡锦涛同志在会见海军代表时指出，要“按照革命化、现代化、正规化相统一的原则，努力锻造一支与履行新世纪新阶段我军历史使命要求相适应的强大的人民海军”。

（二）当代建设世界一流的人民海军的重要意义

党的十八大作出了建设海洋强国的重大部署，这是党中央准确把握时代特征和世界潮流、统筹谋划全局而作出的战略抉择。“努力把人民海军全面建成世界一流海军”这一目标是习近平总书记站在实现中华民族伟大复兴的高度，经略海洋、维护海权的战略谋划，为新时代建设强大人民海军指明了方向。

1.实现中华民族伟大复兴的重要保障

拥有一支强大的海军，是实现中华民族伟大复兴的重要保障，寄托着中华民族向海图强的美好愿景。向海则兴、背海则衰，历史证明海权兴衰关乎中华民族的命运。当代海权不仅反映一个国家的综合国力，也是国家实力的基础和支撑；海军是维护国家利益的利器，强大海军本身就是国家强盛和民族复兴的标志和象征。向海而生、向海发展、向海图强已经成为时代大势，海洋在国家经济发展格局和对外开放中的作用更加重要，在维护国家主权、安全、发展利益中的地位更加突出，在国家生态文明建设中的角色更加显著，在国际政治、经济、军事、科技竞争中的战略地位明显上升。中国作为一个海洋大国，拥有1.8万千米大陆海岸线、约300万平方千米管辖海域，面对日益严峻的海洋安全形势和日趋激烈的海洋权益斗争，捍卫国家领土领海主权、维护我国发展重要战略机遇期的任务艰巨繁重。面对时代的机遇和挑战，正如习近平总书记所强调的，在新时代的征程上，建设强大的人民海军的任务从来没有像今天这样紧迫。建设强大海军是建设海洋强国的战略支撑，也是国家富强、民族复兴、人民安康的重要保障。

2.新时代建设强大海军的目标要求

面对新时代新要求，人民海军使命任务日益呈现出由单一任务、应对传统海上军事威胁，向遂行多样化任务、应对复杂海上威胁转变；由训练型为主，向常态化执行任务转变。人民海军按照近海防御、远海护卫的战略要求，逐步实现近海防御型向近海防御与远海护卫型结合转变，构建合成、多能、高效的海上作战力量体系，提高战略威慑与反击、海上机动作战、海上联合作战、综合防御作战和综合保障能力。实现世界一流海军的目标需要加快发展新型作战力量，着力构建现代海上作战体系，勇于在战备巡逻、远洋护航、海上维权、远海训练、联合演习等任务一线担当重任。

3.中国国际影响力的重要支撑

习近平总书记指出，人民海军要努力锻造听党指挥、政治过硬的海上劲旅；努力增强遂行多样化军事任务的能力和水平；努力为维护世界和地区和平稳定作出新的更大的贡献。这“三个努力”既与党在新时代的强军目标一脉相承，又体现了海军的军种特点和特殊使命；既着眼人民海军建设的纵向发展，又关照国际体系和世界海军发展的横向对比。建设一流海军，必须努力提升海军国际战略影响力，在维护全球海洋和平中发挥积极作用。海军拥有国际战略影响力，除了其必须具备的海域控制能力外，还需要在全球海洋事务中拥有话语权。与发展硬实力相比，提升国际战略影响力是更加重要的课题。新形势下世界一流海军要求积极履行国际义务，加强海洋安全合作，参与全球海洋治理，为维护世界海洋和平、为构建海洋命运共同体持续发挥积极作用。

（三）世界一流海军建设稳步前进

开启新时代征程，围绕建设什么样的海军、怎样建设海军，海军转型转什么、怎么转等重大课题，习近平总书记运筹帷幄，作出一系列重大决策，引领人民海军跨上新台阶。党的十八大以来，人民海军建设发展取得了丰硕成果，军心意志更加凝聚，练兵备战深入推进，海上维权常态存在，新质力量建设加快发展，重大战场建设取得阶段性成果，远洋护航、联合军演、人道主义医疗服务等多样化军事运用持续深入，实现了诸多历史性突破。近年来，我国海军建设取得了一系列新成就。

1.装备

山东舰作为国产航母仿造辽宁舰建造，从改建到自主建设航母，体现是国家综合实力、海军装备建设水平的飞跃。表明我国已经完全掌握了航母相关技术和管理经验，表示中国有制造大型核动力航母的能力。“完全掌握”意味着关键技术的掌握，标志着我国整个拥有了完整的航母建设、运行、维护体系，未来可以根

* 我国第一艘国产航空母舰山东舰（新华社，记者李刚摄）

据国家战略，自主建造部署重要海上力量，真正为走向深蓝、通向全球大洋保驾护航。

作为新质作战力量代表的核潜艇战斗力建设也实现了巨大飞跃，中国新一代战略导弹核潜艇代号093型、094型投入使用，标志着我国拥有了更强大的常规打击及核打击能力，可施展有效的对舰、对空、对天、对陆地打击和核威慑作用。就海基核威慑能力来说，从原来只具有象征意义上的海基核威慑，变为拥有了可信的海基核威慑，真正实现了质的飞跃。

主要水面舰艇052D型导弹驱逐舰、054A型导弹护卫舰、056型轻型护卫舰等主战装备的大规模列装，基本上改变了中国海军此前"数量多、破旧落后"的形象。

2.战场建设

后勤保障向纵深方向发展，多艘大型综合补给舰相继入列，海上保障不断向远海大洋延伸。新型补给装备为海军舰艇走向

* 南部战区海军舰艇编队在某海域组织战时补给综合演练（新华社，李维摄）

深蓝，构建起岸基、海上、岸海一体的综合保障链。医院船、救护艇和救护直升机医疗系统实现全面升级改造，海上保障力量持续发展完善。

与此同时，全方位、多层次体系建设稳步推进，远海护卫作战装备力量体系发展加快步伐，海基核力量装备体系建设大力推进，近海防御作战装备力量体系优化提高，两栖投送装备力量体系不断建强，信息系统与配套保障装备力量建设取得新进展。

第10章

全球海洋治理

——共建海洋命运共同体

我们人类居住的这个蓝色星球，不是被海洋分割成了各个孤岛，而是被海洋连结成了命运共同体，各国人民安危与共。海洋的和平安宁关乎世界各国安危和利益，需要共同维护，倍加珍惜。中国人民热爱和平、渴望和平、坚定不移走和平发展道路。中国坚定奉行防御性国防政策，倡导树立共同、综合、合作、可持续的新安全观。

中国高度重视海洋生态文明建设，持续加强海洋环境污染防治，保护海洋生物多样性，实现海洋资源有序开发利用，为子孙后代留下一片碧海蓝天。

——国家主席习近平在集体会见出席中国人民解放军海军成立70周年多国海军活动外方代表团团长时的讲话（2019年4月23日）

2019年4月23日，国家主席习近平在会见应邀出席中国人民解放军海军成立70周年多国海军活动的外方代表团团长时，面向世界首次提出“海洋命运共同体”的重要理念。这一重要理念是对人类命运共同体理念的丰富和发展，是人类命运共同体理念在海洋领域的具体实践，是中国在全球治理特别是全球海洋治理领域贡献的又一“中国智慧”“中国方案”，彰显了深厚的全球海洋情怀，擘画了深广的海洋格局，展现了深沉的大国海洋担当。“海洋命运共同体”理念的提出与实践，将推动新形势下全球海洋治理体系朝着更加公正合理的方向发展，在为我国向海发展和对外开放创造更加有利条件的同时，也为人类持久和平利用海洋和可持续发展保护海洋指明了基本准则和方法路径。[1]

一、海洋命运连结人类命运

人类不仅生活在同一个“地球村”，更享有同一片“蔚蓝色”。随着科技进步和经济发展，各国以海洋为纽带的相互联系越来越紧密，海平面上升、塑料污染等以海洋为媒介的全球性问题越来越突出，五洲四海一荣俱荣、一损俱损，没有任何国家能够置身“海外”。

（一）海洋命运共同体的时代背景

一方面，海洋命运共同体理念充分体现了全球海洋“一脉相通、互联互动”的自然属性与生态特性。海洋与生俱来的广

1.何广顺：《海洋命运连结人类命运》，《光明日报》，2019年6月6日，第16版。

阔性、包容性、流动性和连通性决定了其命运共同体的鲜明特质。海洋作为地球最大的生态系统影响着全球能量流动、物质循环与生态安全，大规模洋流运动对全球热平衡和气候变化起着至关重要的作用。海洋是大陆间、国家间相互联系的纽带，从最初的“刳木为舟、剡木为楫”，到推动东西方文明交流演进，再到大航海时代商品流通、国际贸易的通道，及至当前各国间寻求合作、建构秩序的平台。

另一方面，海洋命运共同体体现了“保护优先、和平合作”的主导价值与目标愿景。可持续发展与和平发展是包括海洋在内的全球治理两大主题，海洋命运共同体顺应时代潮流，符合发展大势。从可持续发展角度看，海洋环境问题日趋严重，陆源污染等传统问题层出不穷，微塑料、海水酸化等新问题影响深远，“蓝色经济，绿色发展”虽已逐步成为全球共识，但缺乏监督和协调不畅等矛盾困境尚待解决，亟须新的合作理念与设立新的机制模式。从和平发展的角度来看，海洋的和平安宁关乎世界各国的安危和利益，我国真诚希望同各国携手建设持久和平、共同繁荣的世界。构建海洋命运共同体，为世界各国共同应对海洋危机与挑战、和平利用海洋提供了路径选择。

| 知识链接 |

全球海洋环境问题

海洋塑料垃圾：每年有1亿只海洋动物死于塑料垃圾，近1000种海洋动物受到海洋污染的影响，已有超过500个地点被记录为死亡区。到2050年，海洋中塑料的数量将超过鱼类。我们每年制造3亿吨塑料，50%是一次性的。过去10年里，我们制造的塑料比20世纪还多。每年有830万吨垃圾进入海洋。其中，23.6万吨是海洋生物误以为食物的塑料。海面上共漂浮着26.9万吨垃圾。每年有10万只海洋动物因被塑料缠绕而死亡，1/3的海洋哺乳动物可能会被垃圾缠住。

* 海洋塑料垃圾污染

海洋酸化：海洋酸化是指海水由于吸收了空气中过量的二氧化碳，导致酸碱度降低的现象。科学证据表明，在过去200年里，海洋吸收了人类产生二氧化碳的20%—30%，约有50%残留在大气中，海洋吸收的大量二氧化碳最大限度地缓解了全球变暖，但也使表层海水的pH平均值从工业革命开始时的8.2下降到目前的8.1。海水酸性的增加，将改变海水化学的种种平衡，使依赖于化学环境稳定性的多种海洋生物乃至生态系统面临巨大威胁。

* 海洋酸化

海洋缺氧：人类生产和生活活动排放出的氮、磷等污染物会通过各种途径汇入海洋，浮游生物大量繁殖，当过度繁殖的浮游植物和以浮游植物为生的其他浮游生物死亡后，尸体会沉入海底，在微生物的作用下发生降解，降解过程将消耗大量的氧气，从而造成海水严重缺氧。海洋缺氧正日益威胁鱼类物种和破坏生态系统。

海平面上升：海平面上升是由全球气候变暖、极地冰川融化、上层海水变热膨胀等原因引起的全球性海平面上升现象，是一种缓发性的自然灾害。海平面的上升可淹没一些低洼的沿海地区，使风暴潮强度加剧、频次增多。全球气候变暖导致未来100—200年内海平面无法避免上升至少1米。

（二）海洋命运共同体的科学内涵

海洋命运共同体是在习近平外交思想和习近平总书记关于

建设海洋强国重要论述指引下，高度凝练并汇聚形成的我国参与引导全球海洋治理改革的“世界观”和“方法论”，既是高屋建瓴的顶层设计，也是直面问题的解决措施。构建海洋命运共同体以促进人海互利共生、服务全人类利益为最终目标，内涵体现为生态、经济、科技、文化、政治五方面。

生态为首，坚持绿色发展，建设清洁美丽之海。生态环境保护，功在当代，利在千秋。尊重自然、顺应自然、保护自然，建设美丽海洋已成为人心向往之的奋斗目标。要像对待生命一样关爱海洋，就要充分认清全球各国所处的不同发展阶段和环境形势，共同持续加强海洋环境污染防治，保护海洋生物多样性，实现海洋资源有序开发利用，为子孙后代留下一片碧海蓝天。

经济为本，坚持互利共赢，建设繁荣发展之海。随着经济全球化和区域一体化深入发展，以海洋为载体和纽带的市场、技术、信息等合作日益紧密，加强海洋经济合作、寻求最大公约数、共享发展成果成为国际共识。中国在自身沿海、依海、向海快速发展的同时，有意愿也有能力为促进全球海洋繁荣作出积极贡献，包括用好“21世纪海上丝绸之路”这一构建海洋命运共同体的重要抓手，共同增进全球海洋福祉。

科技为引擎，坚持开放合作，建设智慧创新之海。海洋科学技术是人类探索未知海洋、开拓知识前沿、解决重大全球性海洋问题的关键手段。科学技术是世界性的、时代性的，应深化国际海洋科技交流合作，共同搭建全球海洋科技创新网络，深度参与和积极发起国际海洋大科学计划和工程，提升创新驱动体系对构建海洋命运共同体的支撑和引领作用。

文化为纽带，坚持交流互鉴，建设多元包容之海。东西方海洋文化沟通的历史源远流长，闻名中外的海上丝绸之路、郑和七下西洋、国外使臣来华，都是海洋文化共生共存的有力见证。推动海洋文化交融，就是要尊重差异、增进认同、促进包容，取长补短、相互促进，实现“美美与共，天下大同”的共同愿景。

政治为保障，坚持平等协商，建设和平安宁之海。中华民族以和为贵、睦邻友邦、天下大同等理念世代相传。中国人民顺应和平与发展的时代潮流，构建新型国际海洋秩序，倡导各国应坚持平等协商，完善危机沟通机制，携手应对各类海上共同威胁和挑战，合力维护海洋和平安宁。

（三）海洋命运共同体的建设路径

千里之行，始于足下。中国不仅要做海洋命运共同体的倡议者、召集人，更要做海洋命运共同体的建设者、主力军。我们要以负责任海洋大国的历史担当，肩负起全球海洋治理体系改革建设的时代重任，以开展海上合作为主线，推动政府、科研、企业、公众多方努力，久久为攻，逐梦前行。

政府主导，搭建合作平台。充分发挥党和政府在统筹各级、协调四方的主导作用，以“21世纪海上丝绸之路”为基础加强海上合作顶层设计。加强战略对接与对话磋商，建立多层次、多渠道的海洋交流合作机制。将当前合作重点放在海洋资源环境保护和海洋生态修复等领域，在防治海洋垃圾和公海捕鱼管治等方面率先建立治理机制，深化海上安全执法、打击海上犯罪、海上联合搜救等领域合作，共同提高防范和抵御风险的能力。

智库助力，夯实能力基础。科技是催生历次产业革命和引领全球体系变革的关键。推动各类智库围绕微塑料污染、气候变化、海水酸化等全球性海洋问题，倡导发起国际海洋大科学工程，开展大规模和全球性联合研究。建立数据共享、各国共惠的全球海洋观测网，推动海洋可再生能源、海水淡化、海洋生物医药技术进步，研发环境友好型海洋技术，破解制约海洋经济发展的瓶颈，为实现联合国可持续发展目标作出贡献。

企业践行，推动理念落地。企业在“走出去”的过程中承担着海洋命运共同体理念践行者、先行者、传播者的重要使命，各类企业可在不同层面发挥比较优势，加快节能减排、循环经济技术研发和推广，力争在海洋装备制造、海洋生物资源开发、攻克重大关键问题等方面尽快发挥作用，积极参与共建国际海洋产业园区和海洋经贸合作区，共同规划开发海洋旅游项目，打造海洋旅游产品，帮助当地减贫脱贫，带动就业和经济发展。

公众参与，增强内生动力。每个人的一小步，就是时代前进的一大步。提高社会公众的海洋意识、形成强烈的海洋文化自信，是构建海洋命运共同体的内生动力。要把增强全民海洋意识作为一项长期坚持的重点工作，做好海洋意识舆论引导，巩固拓展“6·8世界海洋日”、国家海洋博物馆等宣传、教育活动的实践成效，推动形成关心海洋、认识海洋、经略海洋的良好社会氛围。[1]

1.何广顺：《海洋命运连结人类命运》，《光明日报》，2019年6月6日，第16版。

二、抓住海洋治理体系深度变革的窗口期

（一）全球海洋治理体系正发生深度变革

21世纪被世界各国公认为“海洋的世纪”。2012年，联合国秘书长在《关于海洋和海洋法的报告》中指出：“无论我们是否依海而居，海洋都在我们的生活中发挥着关键作用。”在全球化时代，海洋不仅成为国家赖以生存和发展的战略空间，也成为国家相互争夺权益的竞技场。随之而来的，是诸如海洋生态破坏、海洋环境污染、过度捕捞、海上恐怖主义和海盗等日益突出的问题，国家间的海洋权益纷争也日趋激烈。在各种传统与非传统安全问题尚未得到妥善解决的同时，国家管辖范围外海域生物多样性养护和可持续利用、国际海底区域资源的开发、北极航道通行等新问题日益凸显。全球性海洋问题的频发催生了全球海洋治理的产生。

国际海洋法是全球海洋治理的载体与重要依托，而以《联合国海洋法公约》为核心的全球海洋治理体系尚不足以应对这些层出不穷的新老问题。当前，世界主要海洋大国纷纷加速经略海洋的进程，不断推出海洋战略、发展规划和政策法规，以便引领全球海洋治理发展方向，并在新一轮国际海洋法造法运动中占据先机。中国正处于加快建设海洋强国的征程之中，深度参与全球海洋治理并推动这一体系变革既是承担负责任大国的应尽之责，也是维护与拓展自身海洋权益的必由之路。因此，中国应当抓住海洋治理体系深度变革的窗口期，不仅要剖析现有海洋治理体系中存在的缺漏，探讨改革的方向，还要在总结经验教训的基础上，提出中国的治理主张和方案，努力同步实

现本国海洋权益的维护与全球海洋治理体系的完善，为打造海洋命运共同体创造条件。[1]

（二）国家行为体和区域组织体现出鲜明的全球海洋治理定位

全球海洋治理主体多元化、政治经济影响力多极化的潮流不可阻挡，各方海洋力量正在碰撞、交流与竞合过程中形成新的平衡，并展现出各自的能量。如，欧盟改变原有单一的"事件驱动型""危机催生型"，多维度、全面推出综合性政策，精心选择气候变化、国家管辖范围外海域生物多样性、蓝色经济、北极事务和东亚、南亚海洋事务等作为介入海洋事务的优先事项，并体现出越来越强的包容性和创新性，成为构建全球行为体角色的"新增长极"。俄罗斯则将主要精力和资源投放在北极和北冰洋，通过推进北极地区基础设施建设、加强北极安全保障能力保证自身在北极地区的区域领导力。美国长期游离于《联合国海洋法公约》之外，却在事实上享受着和《联合国海洋法公约》有关的全部海洋权利，同时将继续凭借其超群的海权力量、显著的话语权优势和海权同盟体系，继续主导大部分涉海机制、规则、伙伴关系和平台。太平洋岛国以区域综合治理为抓手，重点关注气候变化和海平面上升引发的全球海洋治理问题。东盟、非洲国家重点关注周边海域，通过海洋垃圾、海盗等议题参与全球海洋治理进程。

1.叶泉：《论全球海洋治理体系变革的中国角色与实现路径》，《国际观察》2020年第5期。

（三）非政府组织成为全球海洋治理不可忽视的力量

近年来，非政府组织（NGO），特别是西方发达国家的NGO变得越来越活跃，在全球海洋治理中的地位和作用也有了明显上升，话语权和影响力不容忽视。在这方面比较突出的例子有：世界自然保护联盟（IUCN）针对全球海洋物种脆弱性与保护不断开展行动；绿色和平组织（GP）发布海洋塑料报告、为保护海洋生物多样性反对深海采矿、反对日本捕鲸运动、支持建立海洋保护区；世界自然基金会（WWF）开展南极海洋生态系统研究与保护工作；国际南极旅游组织协会（IAATO）通过制定船舶调度程序限制到访南极游客的时间、数量和次数等。

|知识链接|

部分重要的非政府组织

世界自然保护联盟（International Union for Conservation of Nature，简称IUCN），成立于1948年，总部位于瑞士，是世界上规模最大、历史最悠久的全球性自然保护国际组织，联合国大会在自然资源保护与可持续发展领域唯一的永久观察员。作为以科学为基础的国际组织，IUCN拥有全球最权威、最全面的生物多样性和自然资源分布及动态信息数据库，下设物种存续、全球自然保护地、环境法、教育及宣传、环境经济和社会政策、生态系统管理六个科学委员会，向国际社会提供《生态系统红色名录》《自然保护地绿色名录》《濒危物种红色名录》《生物多样性关键区标准》《森林景观恢复指南》《自然保护地最佳实践系列指南》《水与自然倡议系列指南》等自然资源保护指南、标准和规范。目前，各科学委员会有300多位中国各领域专家委员。2019年，自然资源部成为世界自然保护联盟国家会员代表。

绿色和平组织（Greenpeace，简称GP），是国际非政府环保组织，在全球40余个国家设有办事处，总部设在荷兰的阿姆斯特丹。该组织以“保护地球、环境及各种生物的安全和可持续发展，并以行动作出积极的改变”为使命，倡导实现一个更为绿色、和平、可持续发展的未来。为了保持公正性和独立性，绿色和平组织不接受任何政府、企业或政治团体的资助，只接受市民和独立基金的直接捐款。

世界自然基金会（World Wide Fund，简称WWF），是在全球享有盛誉的、最大的独立性非政府环境保护组织之一，其使命是“遏止地球自然环境的恶化，创造人类与自然和谐相处的美好未来”。WWF在中国的工作始于1980年的大熊猫及其栖息地的保护，是第一个受中国政府邀请来华开展保护工作的国际非政府组织。经多年发展，其项目领域扩大到物种保护、淡水和海洋生态系统保护与可持续利用、森林保护与可持续经营、可持续发展教育、气候变化与能源、野生物贸易、科学发展与国际政策等。

国际南极旅游组织协会（International Association of Antarctica Tour Operators，简称IAATO），由7家公司于1991年成立。协会的主要目标是“倡导并促进安全的、环保的有关私营旅行团赴往南极旅行的实践活动”，目前该组织已有超过100位成员。国际南极旅游组织协会成立的原因，是由于南极存在历史领土争议，很少有明确的权威或制度来规范南极旅游业，国际南极旅游组织协会应运而生。

（四）“绿色海洋”成为海洋发展的全球共识

绿色发展已成为国际社会共识，许多国家凭借自身在科技、规则以及议题设置上的优势，不断提出海洋生物多样性养护和可持续利用、公海保护区、海洋垃圾、海洋酸化等热点问题，强化“绿色”的全球海洋治理体系。例如，许多区域已被选划为公海保护区，公海重要渔业资源的捕捞配额已阶段性分配完毕，管理日趋严格；国际海事组织于2020年1月1日起禁止船舶使用硫含量高于0.5%的燃料，提高了全球航运的绿色准入门槛。此外，发达国家还不断加大科研和技术投入，如欧盟倡导蓝色生物经济、发展海洋清洁能源，美国则大力发展无人系统探测开发极地与深海，澳大利亚倡导蓝碳国际伙伴关系，绿色科技成为海洋治理体系变革的新引擎。

| 知识链接 |

部分联合国重要行动计划

海洋科学促进可持续发展国际十年（2021—2030）

2017年12月，联合国大会第72届会议宣布2021—2030年为“联合国海洋科学促进可持续发展十年”，旨在通过海洋科学行动，在《联合国海洋法公约》框架下为全球、区域、国家以及地方等不同层级海洋管理提供科学解决方案，以遏制海洋健康不断下滑的趋势，使海洋继续为人类可持续发展提供强有力支撑。2020年10月，《联合国海洋科学促进可持续发展十年（2021—2030年）实施计划摘要》正式发布，该计划为跨地区、跨部门、跨学科和跨世代的海洋科学行动提供了框架性方案。

2020年后全球生物多样性框架

2021年7月，联合国《生物多样性公约》秘书处发布了“全球生物多样性框架”的第一份正式草案，以指导到2030年全球如何为保育和保护自然及其为人类提供的基本服务而应采取的行动。框架草案的出台经过了两年多的讨论。这份框架在2021年夏末的在线谈判期间进一步完善，提交给了《生物多样性公约》的196个缔约方，将在中国昆明举行的联合国《生物多样性公约》第十五次缔约方大会（COP15）上审议通过。

面对层出不穷的全球性海洋问题与纷争，对全球海洋治理体系进行变革势在必行。我国作为变革过程中参与治理的行为体，应该不断更新治理理念，推动全球海洋治理体系向“善治”发展。中国正处于迈向海洋强国的征途中，参与全球海洋治理体系变革的能力与意愿不断增强。为了维护和拓展自身的海洋权益，中国应当承担应尽的治理责任，在肯定现有海洋治理体系正面效应的基础上，构建一个更加公平合理的国际海洋法律秩序，借此推动国际社会实现人海和谐共生以及国与国之间的合作共赢，最后形成海洋命运共同体。为了实现这一目标，中国必须不断加强软硬实力的建设，为提升本国在国际海洋法规则制定中的话语权提供战略支撑，同时统筹国内国外两个大局，提高自身运用国际海洋法规则的能力，通过充分调动国际社会各行为体的力量，从全球、区域和双边几个层面推动海洋治理体系变革。

三、积极发展蓝色伙伴关系：扩大蓝色“伙伴圈”

海洋是富有生物多样性的生态系统，是地球生命系统的重要组成部分、人类赖以生存的资源源泉、沟通世界的重要桥梁，孕育着巨大的经济发展机遇。联合国可持续发展目标14为保护和可持续利用海洋和海洋资源提出了新的要求。回应国际社会共同关切、破解全球海洋治理赤字、确保海洋可持续发展目标的实现，迫切呼唤蓝色伙伴关系的构建。

| 知识链接 |

联合国可持续发展目标

联合国可持续发展目标（Sustainable Development Goals）缩写SDGs，是联合国制定的17个全球发展目标，以指导2015—2030年的全球发展工作。SDG14内容是保护和可持续利用海洋和海洋资源以促进可持续发展，设立了一套框架持续管理海洋和沿海生态系统，保护其免受陆地污染影响，同时应对海洋酸化带来的影响。加强对话交流，并通过国际法对海洋资源进行可持续管理，将有助于应对海洋挑战。

（一）蓝色伙伴关系的进展

进入新时代，中国政府多次强调积极发展蓝色伙伴关系。2017年6月5日，国家海洋局首次率领中国代表团出席联合国海洋可持续发展大会，并在会上提出了“构建蓝色伙伴关系”“大力发展蓝色经济”和“推动海洋生态文明建设”三大倡议，推动构建更加公平、合理和均衡的全球海洋治理体系。2017年6月20日，国家发展改革委和国家海洋局发布《“一带一路”建设海上合作设想》，提出中国政府将致力于推动建立互利共赢的蓝色伙伴关系，铸造可持续发展的“蓝色引擎”。2017年11月3日，国家海洋局局长王宏在厦门国际海洋周开幕式上表示，中国愿立足自身发展经验，积极与各国和国际组织在海洋领域构建开放包容、具体务实、互利共赢的蓝色伙伴关系。2018年12月3日，国家主席习近平在葡萄牙《新闻日报》发表题为《跨越时空的友谊 面向未来的伙伴》的署名文章，提出要积极发展“蓝色伙伴关系”，鼓励双方加强海洋科研、海洋开发和保护、港口物流建设等方面合作，发展“蓝色经济”，让浩瀚海洋造福子孙后代。2019年10月，习近平总书记致信祝贺2019中国海洋经济博览会开幕时再次强调，要积极发展“蓝色伙伴关系”。2017年以来，中国与葡萄牙、欧盟、塞舌尔就建立蓝色伙伴关系签署了政府间文件，并与相关小岛屿国家就建立蓝色伙伴关系达成共识。2020年11月23日，自然资源部副部长、党组成员、国家海洋局局长王宏在厦门国际海洋周开幕式上表示，要继续深耕蓝色合作，继续巩固和发展开放包容、具体务实、互利共赢的蓝色伙伴关系，为后疫情时代经济社会的发展注入“蓝色活力”。

（二）蓝色伙伴关系的特点

蓝色伙伴关系以开放包容、具体务实、互利共赢为主要原则，主要表现为加强国家间海洋资源的开发与利用，实现海洋的可持续发展。这是当代新型国家间关系在海洋领域的延伸，也是中国深度参与全球海洋治理的重要路径。

蓝色伙伴关系具有如下特征。

第一，蓝色伙伴关系是建立在平等、互利、互惠、双赢、互相尊重的基础之上，对国际问题认知较接近，不是依附与被依附、从属与被从属的关系，不是相互制衡而是相辅相成、互相平等的关系，更加注重协同性、平等性，强调共同发展、和平发展。

第二，蓝色伙伴关系是建立在互不干涉内政的基础上，具有非排他性以及信任程度较高，合作模式限于友好合作，不结盟、不对抗、不针对第三国。

第三，蓝色伙伴关系合作方式的发展体现在官方和民间两个方面，官方交往起牵动和引领作用，民间往来则进一步推动两国关系向前发展，两国地区之间的交流越来越密切。

第四，蓝色伙伴关系合作协作广度和深度不断拓展，覆盖海洋环保、防灾减灾和极地事务等全球海洋治理的重要问题，并以海洋垃圾、蓝色经济、综合管理为主题的蓝色伙伴关系发展较为迅速。例如，联合国环境署发起的海洋垃圾伙伴关系、第三届联合国小岛屿发展中国家可持续发展会议发起的小岛屿发展中国家全球伙伴关系、东亚海环境管理伙伴关系计划等都为相关领域治理问题提供了卓有成效的解决方案，促进了全球治理理念的推广和行动的发展。目前，蓝色伙伴关系互动面不断扩大，各个领域呈现出全方位合作的趋势和状态，而且投资合作领域还有较大空间。蓝色伙伴关系的构建将切实增进伙伴方对于全球海洋治理问题的理解和共识，并为开展联合治理行动提供支撑。

第五，蓝色伙伴关系具有“起点高、升温快、会晤多、领域广、力度大、程度深”的特点。即在保持既有的高水平外交策应的基础上，蓝色伙伴关系双方将各自经济社会发展战略和区域一体化战略进行对接合作，充分发掘双方合作潜力，发挥高层对话和较为完善协调机制的优势，以实现共同发展目标。同时，随着世界多极化趋势不断加强，各国合作日益具有战略意义，相互战略依存加深，利益交叉和碰撞现象增多成为新常态，所以蓝色伙伴关系建立双方需要求同存异，加强相互理解与协调。

（三）蓝色伙伴关系的建设路径

充分发挥我国在海洋经济、环境保护、防灾减灾、海洋科技、海洋管理等方面的工作优势，积极发掘现有国际海洋合作缺口与新兴合作领域，积极推动我国海洋工作新理念、新方式、新实践的国际共享，努力引领在蓝色伙伴关系建设中的理念创新、规则创新、领域创新和模式创新。

发展可持续蓝色经济，共促海洋高技术产业、海洋新兴产业、海洋绿色产业发展，挖掘蓝色经济未来发展空间，消除贫困，改善以海洋为生者的生计；共建国际蓝色产业联盟与蓝色经济智库联盟，制定具有普遍性的蓝色经济标准，形成统一的蓝色经济核算体系；投资共建蓝色经济示范区及海洋产业园，对参与的企业给予优惠便利的投融资支持；探索滨海健康社区模式，实现沿海区域与内陆区域的协调可持续发展。

| 知识链接 |

国际蓝色产业联盟

国际蓝色产业联盟是中国与欧盟及其他国家涉及蓝色经济的企业、行业协会和其他社会组织自愿发起和加入的开放式、创新型的国际产业联盟，是相关行业从业者的组织网络和服务平台，是政府、市场、社会合作沟通的纽带和桥梁，是追求社会和经济双效益的国际共同体。其宗旨是以对人类未来高度负责的精神，在打造全球可持续发展“蓝色引擎”的同时，推动蓝色经济与全球经济、社会、生态的协调发展。愿景是推动全球范围内蓝色伙伴关系的建立，共同培育蓝色经济新动能，共同开发蓝色经济新市场，共同促进蓝色经济新增长。

应对海洋与气候变化危机，继续落实海洋领域减排目标，发展蓝碳，加强极地冰雪融化监测与应对研究合作及学术交流，建立蓝色伙伴框架下减排激励机制和监督评价机制，减少气候变化和海平面上升带来的影响。搭建政府间海洋公共产品信息共享平台，合作开展海洋与气候变化应对方面的调查研究，加强海洋观监测、海洋预报、海洋防灾减灾领域信息、技术合作与共享，建立对小岛屿国家等受海平面上升影响严重国家的援助机制，提升伙伴国应对灾害能力。

协同保护海洋，支持海洋自然保护地网络建立，商定公海保护区划定规则和活动原则；执行科学的管理计划，联合治理过度捕捞和IUU活动以及破坏性捕捞做法，取消不合理的渔业补贴；保护海洋生物多样性，推进国家管辖范围外生物多样性养护与可持续利用合作，对珍稀海洋物种实施重点保护；推动深海采矿走向绿色化；清理海洋垃圾，控制并消除海洋污染源，实现海洋健康与清洁。

合作开展海洋空间规划，推动海洋空间规划技术理念与技术方法的推广和应用，为海洋空间规划编制、实施和评估提供资金、人才和技术支持；就海岸带综合管理经验进行广泛深入的交流，合作开展海洋自然资源资产核算方法研究与实践，逐步实现基于生态系统的海洋管理。

加强海洋科学研究合作，将为海洋基础和前沿学科研究提供持续支持，联合开展大型科学研究与调查计划，提高人类对海洋的认知；推动海洋科技创新合作、科技成果转化与大数据共享应用，引导海洋科学研究与技术研发服务于海洋公共事务，以促进基于现有最佳科学知识的决策和管理。

四、深化“一带一路”建设海上合作

海洋是地球最大的生态系统，是人类生存和可持续发展的共同空间和宝贵财富。随着经济全球化和区域经济一体化的进一步发展，以海洋为载体和纽带的市场、技术、信息等合作日益紧密，发展蓝色经济逐步成为国际共识，一个更加注重和依赖海上合作与发展的时代已经到来。“独行快，众行远。”加强海上合作顺应了世界发展潮流与开放合作大势，是促进世界各国经济联系更趋紧密、互惠合作更加深入、发展空间更为广阔的必然选择，也是世界各国一道共同应对危机挑战、促进地区和平稳定的重要途径。

（一）海上合作的顶层设计和路线图

2015年中国政府发布的《推动共建丝绸之路经济带和21世纪海上丝绸之路的愿景与行动》，提出了加强海上合作、建设21世纪海上丝绸之路的框架思路。几年来，中国与沿线国家加强战略对接，积极搭建海洋合作平台，落地实施了一批重大项目，海上合作成果丰硕，将理念转化为行动，将愿景转变为现实。

2017年6月20日，国家发展改革委和国家海洋局联合发布《"一带一路"建设海上合作设想》(以下简称《设想》)，这是中国政府首次就推进"一带一路"建设海上合作提出中国方案，也是"一带一路"国际合作高峰论坛的成果之一。

《设想》是中国政府推动联合国《2030年可持续发展议程》在海洋领域落实的纲领性文件，对促进就业、消除贫困、保护和可持续利用海洋和海洋资源作出了务实承诺。《设想》是中国政府对与沿线国开展海上合作的顶层设计和路线图，提出了中国与沿线国开展海上合作的原则、重点领域、合作机制、行动计划等，愿景可期，路线清晰，行动具体。

（二）以共建"五路"为合作重点推动海上合作

《设想》首次系统提出中国政府推进"一带一路"建设海上合作的思路和蓝图，围绕一个愿景、遵循一条主线、共建三个通道、共走五条道路。即，围绕构建包容、共赢、和平、创新、可持续发展的蓝色伙伴关系这个愿景，以发展蓝色经济为主线，共同建设中国—印度洋—非洲—地中海、中国—大洋洲—南太平洋，以及中国—北冰洋—欧洲等三大蓝色经济通道，全方位推动与沿线国在各领域的务实合作，携手共走绿色发展之路、共创依海繁荣之路、共筑安全保障之路、共建智慧创新之路、共谋合作治理之路，实现人海和谐，共同发展。为实现这个美好蓝图，《设想》进一步提出了围绕海洋生态保护、蓝色经济发展、海洋安全维护、海洋科技创新、国际海洋治理等重点领域开展合作的具体设想和行动计划。

共走绿色发展之路。中国政府将用绿色发展的新理念指导"一带一路"建设海上合作，加强与沿线国在海洋生态保护与修复、海洋濒危物种保护、海洋环境污染防治、海洋垃圾、海洋酸化、赤潮监测、海洋领域应对气候变化以及蓝色碳汇等领域的国际合作，并将在技术和资金上提供援助。

共创依海繁荣之路。中国愿携手沿线国应对世界经济面临的挑战，整合经济要素和发展资源，大力发展蓝色经济，推进海上互联互通，加强在海洋产业、港口建设运营、海洋资源开发利用、涉海金融以及北极开发利用等方面的合作，增加就业机会，努力消除贫困，让广大民众成为"一带一路"建设的直接受益者。

共筑安全保障之路。中国倡导"共同、综合、合作、可持续"的安全观，希望与沿线各国加强在海洋公共服务、海上航行安全、海上联合搜救、海洋防灾减灾和海上执法合作等领域的合作，为保护人民生命财产安全和经济发展成果构筑安全防线。中国倡议发起"21世纪海上丝绸之路"海洋公共服务共建共享计划，完善海洋公共服务体系，提高海洋公共产品质量，共同维护海上安全。

共建智慧创新之路。中国政府倡导创新驱动发展，将加强与沿线国在海洋科技、智慧海洋等领域的合作，联合打造一批海洋科技合作园、海洋联合研究中心和海洋公共信息共享服务平台。

共谋合作治理之路。中国愿与沿线国进一步加强战略和对话磋商，在发展好海洋合作伙伴关系基础上，构建包容、共赢、和平、创新、可持续发展的蓝色伙伴关系。中国倡导建立海洋高层对话机制和蓝色经济合作机制，欢迎企业、社会机构、民间团体和国际组织参与“一带一路”建设海上合作，共同参与全球海洋治理。

五、增强海洋治理话语权

增强海洋治理话语权是中国深度参与和引领全球海洋治理的重要组成部分。党的十八大以来，中国大力推动全球海洋治理秩序向更加公正合理的方向变革，积极分享全球海洋治理的中国智慧和中国方案，努力补齐全球海洋治理的人才短板。

（一）坚决维护以国际法为基础的国际海洋秩序

切实增强全球海洋治理话语权，首先需要全面熟悉和深度融入现有国际海洋秩序。随着国际力量对比消长变化，全球性挑战日益增多，全球海洋治理体系深度变革。联合国在建构全球海洋治理相关倡议、营造良好的海洋治理契约环境、提高海洋治理主体履约能力等方面均发挥着不可或缺的作用。[1]中国顺势而为，积极参与海洋领域治理规则制定与变革，认真遵守《联合国海洋法公约》等国际海洋法律制度；广泛建立与联合国框架下涉海组织的治理伙伴关系，推进实现联合国可持续发展目标14；积极参加联合国海洋大会、联合国海洋和海洋法不限成员名额非正式磋商等联合国治理平台。中国参与国际海底区域矿产资源勘探开发规章、国家管辖范围外区域海洋生物多样性国际文书、极地规则等前沿领域的立法活动，通过提交建议草案、立场文件和评论意见等方式，就诸多关键问题阐述或表达立场，促进有关规则的形成和具体内容的澄清。[2]中国坚定维护以联合国为核心的国际体系和以国际法为基础的国际秩序，参与全球海洋治理并不是要打破一切、颠覆现有的海洋治理体系，也不是要另起炉灶，在现有体系之外打造一个与之相并行的“平行体系”，而是在现有机制的基础上加以补充和完善，做到完善与建构相结合。

（二）大力弘扬中国的全球海洋治理理念

完善全球海洋治理话语体系，需要进一步挖掘和弘扬中国的全球治理理念，并做好国际宣传。“海纳百川、有容乃大。”国家间要有事多商量，有事好商量。中国主张多元主义治理，

1. 贺鉴、王雪：《全球海洋治理进程中的联合国：作用、困境与出路》，《国际问题研究》2020年第3期。

2. 叶泉：《论全球海洋治理体系变革的中国角色与实现路径》，《国际观察》2020年第5期。

强调治理过程中各国民主协商、平等参与，坚持开放包容。[1]中国坚持发展中国家定位，把维护我国利益同维护广大发展中国家共同利益结合起来。在国家管辖范围外海域生物多样性养护与可持续利用协定的国际文书谈判中，中国建议以维护共同利益为目标，既要维护各国的共同利益，特别是顾及广大发展中国家的利益，也要维护国际社会和全人类的整体利益，致力于实现互利共赢的目标。在国际海底区域资源开发问题上，中国支持人类共同继承财产适用于国际海底区域制度，坚决反对发达国家利用资金和技术优势实现对海底资源的控制，维护发展中国家利益。中国要继续挖掘凝练中国的全球治理理念，并在国际传播中注意中国话语与世界话语的融通，彰显中国治理理念的国际道义，引发全球共鸣，清晰阐释中国理念的文化内涵。

（三）充分发挥社会力量的治理潜力与作用

社会力量是不容忽视的全球治理主体之一，随着科技发展和社交媒体的广泛使用，社会力量的动员能力愈发强劲，跨越国界的活动愈发频繁，在全球海洋治理中的话语权日益攀升。非政府组织等社会力量经常针对全球问题发声、募款，甚至直接参与问题的处理，塑造“全球公民意识”和“全球共同体”文化，发挥知识经纪人、规范和道德推广者、话语联盟等作用，影响政策议程和治理规则与机制的形成。例如，世界自然基金会（WWF）是在全球最大的独立性非政府环境保护组织之一，

1.秦亚青、魏玲：《新型全球治理观与“一带一路”合作实践》，《外交评论》2018年第2期。

在全球海洋污染治理、珊瑚礁修复、海洋生物多样性保护、海洋环境教育等方面发挥着重要作用，开展了诸多项目。世界自然保护联盟（IUCN）作为全球性自然保护国际组织，在红树林保护、海洋自然保护地建设、海洋生物多样性保护等领域持续开展项目，在议题设置、话语引领方面发挥着越来越重要的作用。总体而言，中国的社会组织在数量、质量和影响力方面都比较有限，中国在利用社会力量方面力度较小，与很多国家相比还有差距。[1]中国应培育本国海洋治理社会力量，拓展参与全球海洋治理主体，多渠道发出中国声音，践行中国行动；积极加强与涉海国际非政府组织的合作，将本国的海洋治理理念与非政府组织原则理念相融合，借口说话，提高话语权。

（四）着力加强全球海洋治理人才储备

治理人才培养直接影响治理话语权，深度参与全球海洋治理，除了经济实力、政治外交影响力、军事保障力等“显实力”外，还需加强全球治理人才队伍建设，突破人才瓶颈，做好人才储备，提升“隐实力”。中国是当前全球海洋治理体系中的后来者，在治理人才方面不具备优势，但日益重视国际治理人才的培养与国际组织人才输送。外交学院、北京外国语大学等高校增设国际组织专业，向国际海洋法法庭、联合国教科文组织、国际海底管理局等推送官员。

未来要着眼国家海洋战略发展需要，努力培养一大批熟悉

1. 庞中英：《全球治理与世界秩序》，北京：北京大学出版社2012年版，第61—62页。

党和国家方针政策、了解我国国情、具有全球视野、熟练运用外语、通晓国际规则、精通国际谈判的专业人才。加强国内高端海洋智库建设，设立全球海洋治理研究基地，形成专业人才培养的良性机制；加强全球海洋治理话语权与学术话语权的联动，提高知识生产能力，推动由知识消费者和被动适应者向知识生产者的转变；建立健全我国国际组织人才培养、储备、输送机制，大力培养国际海洋法高端人才，支持中国人才在《联合国海洋法公约》下三大机构以及其他相关国际条约公约下的国际组织任职，并发挥重要作用；加强国际合作交流，培养认同我国价值观并与我国长期合作、具有国际影响力的外籍专家，提升我国的舆论引导能力，全面增强参与全球海洋治理的规则制定能力、议程设置能力、舆论宣传能力。

后 记

党的十九大报告指出，要坚持陆海统筹，加快建设海洋强国。海洋是经济社会发展的重要依托和载体，建设海洋强国是中国特色社会主义事业的重要组成部分。党的十八大以来，习近平总书记准确把握时代大势，科学研判我国海洋事业发展形势，统筹国内国际两个大局，围绕建设海洋强国发表一系列重要讲话、作出一系列重大部署，回应了世界对我国海洋发展的关切，解决了当前我国海洋领域面临的主权、安全和发展等核心重大现实问题，为把我国建设成为海洋经济发达、海洋科技先进、海洋生态健康、海洋安全稳定、海洋管控有力的新型海洋强国指明了方向，提供了根本遵循。

扎实推进海洋强国建设，将蓝色国土与陆地领土视为平等且不可分割的统一整体，是新时代的领土观。我国拥有广泛的海洋战略利益，涉及国家主权、安全和发展的核心利益，具体体现为国家的海洋政治利益、海洋经济利益、海洋安全利益和海洋文化利益等。它们共同构成一个统一整体，既相互影响、互为交织，又不能相互替代。实施海洋强国战略，对于实现中华民族伟大复兴具有重大而深远的意义。

本书由中央党校经济学部副主任曹立教授担任主编，国家海洋信息中心何广顺主任担任副主编，中共中央党校及国家海洋信息中心的专家学者共同完成。其中，第一章由王群、魏婷、徐晓婧撰写，第二章由刘佳、苏冠先、韦力撰写，第三章由羊志洪、姚荔、查雅雯撰写，第四章由魏晋、吕慧铭、刘西友撰写，第五章由徐丛春、朱凌、赵鹏、郑莉、胡洁、林香红、郭光敏撰写，第六章由刘捷、黄海燕、陶以军、刘倡、张玉佳、徐晓婧撰写，第七章由段晓峰、徐丛春、徐莹莹、蔡大浩、郑艳、化蓉、刘禹希、桑熙撰写，第八章由刘明、孙淑情、玄花、桂筱羽、于傲、刘西友撰写，第九章由姜丽、张扬、王佳微、羊志洪、郭光敏，第十章由于傲、桂筱羽、刘瑞、石以涛撰写。在撰写过程中，各位专家学者收集、查阅了大量文献资料，最终以清晰简洁的语言，全面、科学、客观地介绍了我国海洋强国建设的总体思路及发展现状，是一本融思想性与科学性为一体的海洋强国建设通俗理论读物。

在此，谨对所有编写人员表示衷心感谢。对于书中存在的不足，欢迎读者批评指正。

编者

2021年9月20日

图书在版编目（CIP）数据

建设海洋强国/曹立主编；何广顺副主编. —北京：中国青年出版社，2022.8
ISBN 978-7-5153-6647-0

Ⅰ.①建… Ⅱ.①曹… ②何… Ⅲ.①海洋战略－研究－中国 Ⅳ.①P74

中国版本图书馆CIP数据核字（2022）第081310号

"问道 · 强国之路"丛书
《建设海洋强国》
主　　编　曹立
副 主 编　何广顺

责任编辑　彭慧芝
出版发行　中国青年出版社
社　　址　北京市东城区东四十二条21号（邮政编码 100708）
网　　址　www.cyp.com.cn
编辑中心　010-57350578
营销中心　010-57350370
经　　销　新华书店
印　　刷　北京中科印刷有限公司
规　　格　710×1000mm　1/16
印　　张　17
字　　数　180千字
版　　次　2022年9月北京第1版
印　　次　2022年9月北京第1次印刷
定　　价　49.00元